天下文化
BELIEVE IN READING

工作生活 BWL063

我在家，我創業

家庭CEO的斜槓人生

凱若 Carol Chen —— 著

目錄

我在家，我創業
家庭CEO的斜槓人生

Part 1

推薦序一

勇敢創業，過你不敢想像的生活

486先生（486團購創辦人）

初識凱若之時，我是個背著相機在婚禮會場飛奔的攝影師，而她的婚禮顧問事業也才剛起步。我們內心都有著擁有自己事業的熊熊烈火，都在摸索該怎麼實現創業夢，工作上見到彼此也時常分享這些想法，互相鼓勵。

沒想到十多年後的今天，我們都有了自己的一番事業（甚至不只一種），過著我們當初無法想像的生活。

我一直認為，員工的幸福感比老闆的存款重要！而要讓同仁能夠感覺幸福，不是在於給予多少金錢的誘因，而是讓他們擁有彈性的上下班時間，得到公司的實質支持來養育孩子，過一個「事業／家庭生活」兼顧的生活。這也是４８６被稱為「幸福企業」的原因。

善用「媽媽力」，公私雙贏

在台灣的職場環境裡，「媽媽」時常是被忽略的一群。然而在我身邊的媽媽同事們，除了優秀的工作能力之外，她們更有著母親獨特的耐心與細心，能夠將客戶的需求照顧得服服貼貼。所以我們公司特別喜歡招募「媽媽」員工，甚至有「ＰＴ媽媽計畫」與「媽媽智囊團」，讓她們有實現自己事業夢想的機會，也能同時兼顧家庭。對公司來說，媽媽們也讓業績大提升！我很認同凱若在書中所言：「她們能做到別人所不能，原因無他，就因為她們是母親！」所以，善用「媽媽力」，絕對是雙贏的決定。

凱若在書中的創業心路歷程，我深有同感。我們創業，是源於對家人的愛，家庭價值是我們的核心理念。因此，我特別能夠尊重員工的家庭需求。很巧的，我所推廣的正是讓家人生活更美好的產品。我們把這份對家人的愛，透過員工傳遞給客戶；再透過客戶傳遞給他們的家人，如此源源不絕地傳遞出去。我不只希望自己的企業幸福，更一直夢想，我們社會上的每個人都有幸福的人生。

如果你對自己的人生有期待、有想像，這本書會鼓舞你起而行，你將發現自己有更多可能性。如果你深陷家庭事業難兩全的困境，本書也提供具體的方法，讓你工作與生活完美共舞。如果你想投入兼職、多工、創業，其中的眉眉角角、密技高招，都在書裡完整呈現。如果你想開創自己的幸福人生，卻不知如何踏出第一步，本書就是你的最佳指引。閱讀本書，你一定能跟我一樣，收穫滿滿。

推薦序二

想改變世界，從改變自己開始

朱庭輝、黃思頻（百居拉網路行銷 創辦人／CEO
創業輔導講師、三個孩子的父母）

很榮幸能收到 Carol 凱若遠從德國發來的訊息，邀請我們幫她的第二本書寫推薦序。我們夫妻倆並非知名公眾人物，她邀約的理由，除了同有居家創業的經驗外，想必也是因為這超過二十年身兼好友與創業夥伴的信任與熟悉。

我們於台大就讀時相識。雖然分別是機械所、外文系、公衛系不同領域的學生，但因個性契合、興趣相投，很快成為摯友。我倆的婚禮還是她史上第一場婚禮企劃呢！

凱若早我們兩年有了孩子，有好幾年彼此因為工作與育兒的緣故斷了聯繫。直到三人事業都有了根基才再度連繫上，並決定成為合作好夥伴。即便當時凱若的婚顧公司已是業界知名，但她對全新的創業領域，仍是謙虛且卯足全力地學習與打拚。跟已具備創業家心態和經驗的好友合作，是很幸福的事。我們有共識，有默契，總能無話不談。人說創業最怕打壞朋友關係，然而我們卻是因一起打拚，而留下了許多珍貴回憶，和對彼此的滿滿感謝。回想起那幾年真是十分過癮！

育兒兼創業，打造理想生活

對我們三人來說，創業並非源於什麼偉大的夢想，而是為了陪伴孩子、成就家庭的務實選擇。這十年來從一起開疆闢土，到現在的各自美好，我們都未曾想過能過上現在的生活！我們夫妻在台灣繼續開拓事業版圖，一邊花許多時間陪伴三個孩子成長；而凱若在德國繼續經營公司，且停不下來地用精闢的文字，紀錄帶著孩子創業的寶貴經驗，持續發揮著影響力，十多年如一日。

我們夫妻倆初創業時，一個在外商資訊產業負責產品行銷，一個從外商銀行辭去工作當全職媽媽。我們也與凱若相同：一邊育兒，一邊工作，同時摸索著創業路，因此對書中寫的故事非常有共鳴。而這些年來輔導許多創業者，深知在多重責任之下，情緒管理、工作習慣、自我定位、專注核心目標與有效溝通的重要性。

在書中，凱若用著生動又溫暖的說故事能力，將許多皺眉頭的關卡化為清晰不過的選擇，也讓更多人有機會了解她令人稱羨的事業成果與家庭生活背後，所付出的努力、用心、選擇與堅持。

有幸受邀寫序，讓我們有機會比各位更早一窺這本精采絕倫的好書。閱讀的過程中，一起打拚的回憶歷歷在目，時而沉思自己和工作團隊目前的創業思維和習慣，時而因為她真實的分享而笑到不能自已。

誠摯將這本好書，推薦給每個想改變生活和工作方式，對人生有夢想有渴望的朋友們。無論是打造事業、家庭或人生，這都是一本今年你應該看的好書。年過不惑的我們仍然夢想改變世界，期許你我都從改變自己開始，讓這個世界變得更好。

／自序／

人生，要勇敢複選

凱若

「事業發展」與「家庭／個人生活」是互斥的，是必須從中二選一的嗎？成為了母親，是否就等於再也無法決定和設計自己的人生了呢？

十五年前，我與許多女人一樣面對了這樣「非A則B」的糾結。而最終，我決定放棄單選，擅自將這題目改為「複選題」，開始了我十五年創業與育兒生活並行的日子。如今我確信，「事業／生活」不只不互斥，還能共融與共榮。

現在的大環境已經與十五年前大不相同，「斜槓人生」與「居家創業」在這幾年蔚為風潮，有許多領路人的分享，也有成功的經驗來增強信心。但在當時，我任性地離開了「大家都這麼做」的正常軌道，手上卻沒有地圖，就像在迷霧中獨自摸索的探路者，得靠自己開疆闢土，走出一條不一樣的路。這過程中的確常要面對無人理解的孤獨，以及承擔雙重角色的辛苦。

然而，當我回首這些年的點滴，以及當初這決定為我帶來的現今生活，辛苦都已經過去，留下的是我與孩子們朝夕相處的回憶與感情，屬於我自己的多份事業，以及一份帶給我與家人安穩生活的被動收入。

事業與生活的雙軌運行

我感謝女兒的到來，讓我在創業之初就決定選擇「事業」與「生活」雙軌同時運行。原先擔心孩子是「人生阻礙」的我，卻發現他們成為了我的動力與保護網，讓我必須奮力往前衝，卻仍舊保有幸福無憾的生活。從一開始是「必須」，到後面變成一種「堅持」，而現在是一種「享受」。

時至今日，我仍舊是三歲兒子與青春期女兒那「隨時都在」的媽媽。

當這本書的最後一篇稿件交出去時，我們全家正在義大利佛羅倫斯度假，同時我多份的事業仍舊自動運作著。

我終於熬過了那個「兩頭燒」的階段！這十五年之中，加起來我總共有八年的時間都「全時間」在家裡一邊當媽，一邊花每日三小時以內的時間工作，仍舊能夠妥善經營好事業，甚至能不斷豐富自己的斜槓人生。原來，「創業」真的沒一定要夙夜匪懈、至死方休的！

「讓更多父母實現『事業／家庭』共融共榮的生活」是我的志業。在這本小書中也分享了多年來事業與家庭並行的心路歷程與經驗祕訣，特別是時間與情緒管理、多重角色的扮演，以及創業所面對的酸甜苦辣。期待能鼓勵與我抱持同樣夢想的爸媽們，勇敢複選！也能幫助想經營精采「斜槓人生」的朋友，踏實圓夢。

SCHOOL BUS
2018 冬季班開課日期與內容表
婚禮企劃主持・基礎入門
< 認識婚禮產業・基礎婚禮知識 >

Part 1

現在的努力，都為了將來有選擇

你，設計你的人生

多數的我們，都循著升學、結婚、生子，然後工作、退休、老死的人生軌跡前進，彼此的差別，或許只在職業與家庭做出不同選擇；每個人也有不同的期待與夢想，但總是只在一個大的框架之中，挪動一點，改變一些，整體來說，沒有太大差異。

我母親常對我說：「現在所有的努力，都為了讓你在未來『有所選擇』。」

這句話激勵我比別人更認真讀書，以免失去自己的「選擇權」。當我看著身邊的同學朋友，一個個拿到「人生勝利組」入場門票，跳入既定的人生計畫時，卻開始質疑起這樣的人生劇本，究竟是誰寫的？我們真的是這齣戲的主角嗎？還是只是別人戲碼中的一顆棋子？會不會努力了二十年後，才赫然發現我們真正能為自己做的選擇，其實少得可憐？

年輕時的我充滿質疑，卻不認為自己有能力改變。直到我當了母親。

成為母親，打亂既定人生規畫

二十六歲，我剛從研究所畢業，沒有存款、沒有社會經歷，卻有了女兒。一向認為自己什麼都有的我，頓時覺得除了肚子裡的孩子，什麼都沒有。

我首先要面對的，就是在「工作」與「育兒」之間做出抉擇。如果決定去上班，就得把孩子交給家人、保母或托兒所照顧；如果決定待在家照顧孩子，就勢必得放下過去二十多年的努力、暫緩職涯發展，做好全職媽媽。十多年前的台灣職場環境，根本沒有公司能提供我彈性的上班地點或時間，讓我得以在家照顧孩子，又能同時工作。

而當時我的腦子不知怎麼了，一心只想親自陪伴可能是我此生唯一的孩子長大，就算原本的人生規畫完全被打亂，我也義無反顧選擇了在家帶孩子。我的職業欄，在還未填上任何豐功偉業之前，就先填上了「家管」。

看似一無所有，卻是設計人生的開始

做出陪孩子成長的決定之後，我第一個面對的現實就是「奶粉錢從哪裡來」。好朋友在這時送了我一本羅勃特・清崎（Robert T. Kiyosaki）的《富爸爸，窮爸爸》（*Rich Dad, Poor Dad*），打開了我的眼界。

原來，「被動收入」才是真正讓我可以擁有工作與自由的關鍵，對當時的我來說，不但可以在家照顧孩子，還可以同時擁有工作收入，來達成我這個準媽媽卑微卻又艱辛的夢想。因此，我決定給自己一次機會，放手一搏，開始創建自己的婚禮顧問事業。

當我決定生下孩子、負起養育責任時，我的人生看似受限、再也沒有辦法隨意做決定，然而事實卻相反，意外懷孕最終讓我得以自由掌控自己的人生。

一旦清楚自己的目標，開始學著在一張空白紙上設計自己的人生，過去腦子裡那些「不可能」與「怎麼可以」突然都不見了，該往什麼方向邁進，每一步都由我自己決定。從那天起，我沒用過一次過去漂亮的成績單與學歷，卻意外擁有婚顧公司老闆／通路平台經營者／講師／部落客／專欄與書籍作者等多重身分。同時，我也一直在家親自帶兩個孩子，陪伴他們長大。

在「設計」事業的同時，我也「設計」了我的生活。當我決定每個月最多只接一場婚禮，我也決定了我的家庭生活會是什麼樣貌；當我告知新人，我沒有店面和辦公室，且大多時候只能透過網路聯繫時，我也保有了我與孩子相處的時間。甚至，我明白告訴客戶「我是在家工作的母親，我有一個親餵母乳的幼女」。當時大家一直規勸我「千萬別這麼做，你會沒生意」，然而，當我決定坦誠接納自己那條「刪不去的斜槓——母親」的同時，我也自由了。

整個過程並不容易，我最先遇到的關卡，是要衝破自己設下的框架，拋開腦中「你瘋了嗎？這怎麼可能辦到？」的自我否定，接著還得面對身邊所有人的質疑：「為什麼不專心在家帶小孩？」、「為什麼不乾脆上班找工作？」、「你這樣一定會失敗！」這些質疑，有時是溫暖與關心，有時是批判與指責。我也從中學到：沒有人會幫我付帳單，我才是自己人生的主人。「無極限耳背」與「永遠微笑以對」的功力，也在那時候慢慢練就起來。

堅持自己設計的人生，需要一點任性

面對創業過程中無止境的困難，我常懷疑自己幹嘛沒事找麻煩。然而過程中最大的快樂，就是我的人生再也不會局限在某個框架裡。

創業八年後，我終於達到「財務自由」的目標。這不代表我可以隨意揮霍，而是我的多重角色所帶來的被動收入，已足以讓我不需工作，也能養活自己和家人。我更能享受在家的時間，甚至能夠在事業中選擇做什麼與不做什麼，我在懷女兒時所「設計」的人生，終於慢慢成形。

當然，不是所有人都適合創業，也不是創業就會成功、就能達到財務自由。一個得以「破除框架」自由生活的人，與一個「無可奈何」的受困靈魂，差別不在於當下的處境，而在於看待自己生命的眼光。

我認識不少老闆，也常常把「沒辦法」掛在口中。企業的轉型、人事的問題，讓很多老闆覺得自己沒辦法拋下工作，好好休假；或忙到沒時間去旅遊、陪伴家人。他們被困在自己一手打造的牢籠，比每天上班的員工更可憐。

有一位婚禮同業，幾年前身體出了狀況，對我說：「凱若，我真的很羨慕你，能這樣自由自在，說搬到歐洲就搬走，說要陪孩子就陪孩子。我到了急診室還在接電話，到現在還是放不下工作。」

其實他不知道的是，我為了達成這樣的目標，推掉多少機會。正因為我清楚知道，我創業的初衷，就是為了陪伴孩子成長，我也一再提醒自己要努力維持自由之身，只要察覺有任何變動可能令我偏離目標，我就說「不」。

我拒絕不少次投資者的提案，就因為希望維持我的工作生活自主權。在事業目標上，我不去設定每年要有多少收入，而是設定我最多能付出多少時間在工作上。這一點，也會隨著孩子的年紀而調整。

因為婚禮多半在週末，當別人期待接案量「多多益善」時，我卻為自己設定「接案上限」，只為了確保一個月至少能有一個週末在家。當孩子上小學後，沒辦法在平日週間與我有足夠的時間相處，我便決定從幕前轉到幕後，週末再也不接案。但另一方面，我因此多出時間心力，開拓其他的事業版圖。

為了維持在家工作，公司裡並沒有設置我的辦公室或辦公桌。每次我進公司，都是站著和同事說話，或在會客區開會，結束了就回家。現在我移居海外，辦公室的規模也縮到極小。在家裡我沒有自己的辦公空間，有的就是一張餐桌、一台電腦和一支手機，就像我創業的第一天一樣。

小，是我故意的

記得有一次，我到自己的公司，櫃臺同仁不知道我是誰，還請我到會客區等候。當時真覺得有點尷尬，但這就是我想要的：一顆自由的心，一個自由的人；創業十多年，我終於盼到了連公司櫃臺同仁都認不出我的一天。

我初創業時曾看過一本書《小，是我故意的》（*Small Giants*），正清楚描述了我的心聲。我想要自由自在的渴望非常強烈，即使看著同業一個個經營海外婚禮，或轉往中國及其他國家發展，我始終「無動於衷」，且沒有遺憾。要我長時間與孩子分開，我真的做不到，更與我的初衷反其道而行。

分享這些經驗，並不是要人人都跟我一樣為了在家工作，拒絕許多機會。每個人都有自己的想法與個性，有著不同的人生順序和生活方式。我讚賞全心投入事業，讓自己活出理想生活的朋友；也欣賞為了穩定上下班、工作盡心負責，既能實現自我又能兼顧家庭的父母。重點是，千萬別帶著「無奈」過日子，也千萬別讓他人掌管我們的人生。

人生就像一本小說，每個人或許都有不同的人生起始點，不同的資源與處境，不同的個性與夢想，但最終仍是由小說的作者——也就是「你」與「我」，決定如何「設計」主角的走向。人生充滿許多無法控制的事，所以身為「掌舵者」的我們，更不能暈頭轉向，得堅定朝目標前進。相信你自己，絕對可以設計你想要的人生。

斜槓人生心法

- 坦誠接納那條「刪不去的斜槓——母親」的同時，我自由了。
- 一個「破除框架」自由生活的人，與一個「無可奈何」的受困靈魂，差別只在於看待自己生命的眼光。
- 別帶著「無奈」過日子，也別讓他人掌管我們的人生。

想開創新局，先挖坑給自己跳

趨吉避凶是人的本能反應，我們都希望人生諸事大吉，最好不要遇上任何辛苦事，看到坑自然想繞道而行，除非那「坑」有極大吸引力，或背後有龐大獲利，否則我相信沒人樂意主動跳下去。

從小受教育的過程中，我們也總由大人安排好該突破的關卡：每個月有段考，每個學期有期末考，接著畢業考聯考；因應大小關卡，每天都有該讀的書、該考的試、該上的課。在線性前進的康莊大道上，該如何遠離和禁絕種種「干擾物」，如：武俠小說、談戀愛、電玩……等，師長也早已備好教戰手冊，架起層層嚴密的網，避免我們脫離正軌，只要「按表操課」，一切都很「安全」。

我曾經形容我們那一代的孩子，是一批批被訓練出來的戰士，但是「純觀賞用」。就像古羅馬格鬥士，身強體壯、驍勇善戰，但最重要目的的不是開疆闢土，只為娛樂羅馬人而存在。就算全身擁有傲人肌肉，能夠輕易折斷人的背脊，砸爛獅子的頭，但從沒走出競技場為自己而戰。他們打的，永遠是別人為他們安排的仗。

只想打「別人安排的仗」

我也從周遭人面對事業發展的態度上，發現許多人十分甘於這樣的生活。

創業幾年後，公司需要幾位核心幹部與我一起衝刺，我列出幾個長期觀察的人選，想給他們更多誘因，甚至分享公司股份，邀請他們一起打拚。這些人會躍上名單絕非偶然，專業程度不在話下，經過多年合作，也以實力證明自己的忠誠與正直，更有領導與規劃的大能力。

然而，當這樣的機會來到門前，並不是所有人都樂意跨出去。其中一位女性夥伴對我的提議非常有興趣，然而當她知道，這樣的合作模式需要參與公司重要決策，並為結果負責，甚至承擔公司盈虧成敗的壓力時，對工作一向都說「沒問題」的她，最後還是退縮了。原因是她喜歡「收到指令做事」，而非「挖坑給自己跳」。別人給的任何高難度指令，她自信能做到完成度百分百，但如果要給自己壓力，她自認做不到。

當時的我無法理解，為什麼這麼好的機會，而且公司正在起飛，一切精采可期，對方就是不買單？

那次失利後，又這樣過了幾年，等到經營第二份事業時，我實在很需要得力的左右手，否則一個人很難把格局做大，但我又遇上同樣的困境。每回我描述「開疆闢土」的精采畫面，大家都熱血沸騰，但提到要當那名帶隊衝刺的將軍，大部分人都猶豫了。

幾次討論下來，我開始懂了。這世上本就是兵多將少，多數人很甘願做少數領袖的跟隨者，而願意帶頭去找仗打、找坑跳的，本來就是少數。很多人會對領袖描繪的遠景充滿信心，但並不希望自己是先去衝的少數人。「你試成了，再來找我吧！」聽到這樣的話，一開始我有點挫折，但轉念一想，對方雖不會是真正的領導者，但往往是不錯的跟隨者。

每個人都有自己的性格與抉擇，這並沒有什麼不好。如果很了解自己，反而一開始就能明確拒絕不適合自己的事，對雙方都是好事。就如我先前徵詢的女性夥伴，我後來十分感謝她明快的拒絕，以及清楚的解釋。她對自己的了解，省去了一來一往的溝通時間，也讓我們能繼續共事，沒有因此產生任何衝突。若是她對自己不夠了解，那就麻煩了，我可能誤將「精兵」當「將領」，而她絕對無法勝任愉快，對公司的發展也有害無利。

這次我比較懂了，也比較幸運，找到幾個「將相之才」，而他們的共同特質就是：愛挖坑給自己跳！

做什麼都要精采

我找到的合作夥伴，完全不需要幫忙選定目標，他們隨時都在看有什麼可以玩的新項目、可以嘗試的新方法。我常笑稱，有創業家精神的人，就像黑幫找架打，隨時都在盯著哪裡可以大顯身手。

我不需要追著他們跑，常是他們追著我跑。他們總會傳來許多「或許可以這樣」、「有沒有想過那樣」的點子，遇上這樣的創業夥伴，我甚至必須把手機設成震動、通訊軟體轉靜音，否則完全沒法做其他事。他們不一定手上只有這件事，但他們的腦袋和眼睛就是停不下來。愈是沒人做過的事，他們愈有興趣嘗試，這就是創業家精神！

看到這樣的人，往往會覺得他們是自虐狂，明明手上的事已經夠多了，但他們就是很愛自己「沒事找事做」，而且不是做些手工藝或是興趣嗜好，他們就算是「玩」一樣東西，也能玩出專業，甚至因此再創一次業。

我有一位台大學長，待過許多大型新銳公司，工作一切順利，但就是不甘於只做個上班族，他說那叫「高級打工仔」。所以他在老婆開始經營電子商務與網站架設的事業之後，一評估可行，就馬上辭職，一起手牽手往下跳。他大可繼續待在外商公司當高階主管，若一路升上去，現在應該也是副總了。但他與老婆共同創業八年期間，自己與老婆都已半退休，他也常講課分享志業與經歷，而且還是專業的鐵人三項玩家、三個孩子的親愛奶爸。做什麼都要精采，總愛嘗試新的挑戰，這正是創業家特質。

另一位創業家朋友，在新竹科學園區也是做得有聲有色，但就是不甘如此，便與老婆一起創業，而且還不只一種事業！他們從婚禮顧問起步，又踏入跨境電商領域，現在擁有知名冰品的連鎖事業。

他們的熱情驅動自己前進，只要有興趣，就會在三個月內研究得像已經做了三年，讓所有挑戰看起來像「闖關遊戲」一樣有趣。

與這樣的夥伴合作很過癮，一旦合作，就要衝天。但同時也要懂得「他們是將領，不歸你管」，一旦不和，也是會直接開戰的，否則難免引發衝突。

無論你想創業，或想開創工作生活新局，千萬得放下「被安排」的習慣，扛起自己的人生主導權。這雖然不是人人都有辦法擁有的特質，但如果刻意練習，還是能擺脫環境的限制。從挖個小坑開始，例如讓自己一邊上班，一邊進修；讓自己與朋友合作一個有趣的專案，甚至出國一趟，看看新事物。接著，再漸漸將坑挖大一些，更有挑戰一些，慢慢養成「挖坑給自己跳」的習慣，你會發現職涯路愈走愈輕鬆，也更有意思！

斜槓人生心法

- 世上本就兵多將少，別誤將「精兵」當「將領」。
- 放下「被安排」的習慣，扛起自己的人生主導權。
- 讓熱情驅動自己前進，讓挑戰就像「闖關遊戲」一般有趣。
- 有創業家精神的人，就像黑幫找架打，隨時都在盯著哪裡可以大顯身手。

當自己最嚴格的管理師：「自律」你的時間、目標、情緒

或許是社會文化的影響，我的德籍老公習慣在約會前十分鐘抵達約定地點，如果是去診所或公家機關，甚至會提早半小時就到現場。我也是一個不喜歡遲到的人，但這麼早到，真的很特別。我曾問他，是德國診所或機關規定這麼早就要到場準備嗎？他說：「不是，但我喜歡『從容不迫』，如果有臨時狀況，我也能馬上應對，也比較不容易抓狂。」這是他應對自己緊張個性的好方式。

「提早」比「準時」更省時

提早到的做法也化解了幾次危機。有一次出國前，我們竟把媽媽包忘在餐桌上！還好我們提早兩小時到機場，櫃臺都還沒開，所以老公立馬回家拿了再回來，仍準時趕上 check-in。可能你會問：「帶個小寶寶怎麼可能有這樣的時間？」正因為我們有孩子，很多時候需要提早安排與規劃，反而讓我們更有餘裕。

我們常是第一個到兒科診所的家庭，所以就算不是掛第一號，但因為其他家庭多半會晚到，我們就能遞補上去，盡早結束。有一回為了辦理女兒與我的簽證延期，因為知道人潮眾多，而且一個家庭都要耗上至少半小時，我們家便派出老公和女兒做代表，早上六點就到辦公室門口等候，我帶著兒子七點與他們會合，一起從容吃頓早餐，在等候室的遊戲區玩耍。當辦公室開始辦公，我們進去半小時就結案！雖然早起，但如果沒有提早到場等候，可能到中午都還在等，心情也不會太好。

孩子餓了就會狂叫，想睡就會吵鬧，當優雅爸媽的一個訣竅，就是別等到孩子又餓又累了才反應。維持生活的穩定性，才能預留空間與時間讓自己喘息與享受。德國的生活步調比較沒那麼緊湊，如果時間允許，我通常四點多就會開始煮飯。因為慢慢來，中途遇事打斷也能從容反應。

工作也是一樣。我們公司的工作守則是：永遠比相約的時間早半小時到達。這是我能讓客戶與合作對象擁有好印象的第一步，更是能好好準備每一場會議的關鍵。

我習慣集中外出工作的時間，常一天約三到五對新人會面，能夠接連將婚禮流程快速討論完畢，靠的就是「提早半小時」。在這半小時中，我早就完整看過客戶事先提供的基本資料，如姓名、婚期、地點與對婚禮的期望，心中已有大致的規劃建議，因此當新人抵達時，我們不再是「初次見面請多指教」的陌生人，倒像是已經相熟的朋友，很快就能切入重點，往往半小時就能搞定婚禮的大致架構，結束討論後聊一小時是常有的事。不只客戶滿意，更節省我與新人的寶貴時間。

主動達標！沒有人該給你任何「目標」

嚴以律己的人，多半很少被動等著接收指令。當我評估是否交付同仁更多任務時，對方是「等著我給目標」還是永遠「給自己功課」，就是重要的評估指標之一。

等著別人給目標的人，往往容易抱怨拖延，因為目標不是由他自己設定；反之，永遠給自己功課的人，往往充滿正能量，就算忙到不行，仍舊抱持「我來安排一下」的積極態度。

目標如果是自己設定的，就算在忙著其他事，腦子也會主動思考該如何執行、往哪裡找資源，完成目標的比例自然也比較高。

我曾經輔導過一個想當老闆的女孩，就是「永遠給自己功課」的最佳代表。她做過婚禮布置、婚禮主持，也嘗試過網購，都不只抱著「了解看看」的態度，而是認真去上專業老師的課，深入了解與確實執行。當她的另一半對她想發展的事業心生疑惑時，她不像許多女性直接摸摸鼻子放棄，而是堅持要老公去了解。

每一次新嘗試，她都給自己至少兩三年時間去努力，雖然她仍有一份八小時的正職工作，但她利用下班的晚上與週末，不追劇、不看電影，都花在努力進修和實習。經過十多年的努力，她與老公的事業每個月都帶來超過五十萬的被動收入，所以兩人都不需上班，在家樂當全職爸媽。但他們仍舊沒有停止事業腳步，享受天倫樂之餘，他們仍在找尋新的可能性。他們沒有充沛的資源與家世背景，卻因自己的努力和決心，朝著兼顧家庭與事業的理想生活邁進。

我是他們其中一份事業的合作夥伴，她自動自發的程度，連一向自律的我都望塵莫及。她不只去上所有相關課程，還研發多種表格，用來整理學習內容、管理事業，一切井井有條。沒有人要求她這麼做，也沒人盯著她的進度，但她就是這樣「管得住自己」。就算正職工作再忙，她從沒跟我說過一句「太忙」或「太累」，總是一句「沒問題」。這樣的態度，讓她在兼職創業蒸蒸日上而辭去正職工作時，許多上司同事都感到不捨。

另一位公關公司的主管朋友，她為了陪孩子，請育嬰假在家當全職媽媽。她把工作的拚勁全用在育兒上，帶著孩子到處玩，參加有趣的活動，空閒時也寫寫文章，現在是小有名氣的部落客。

很多人羨慕這些人會過生活、還能開創事業新版圖，殊不知他們逼自己逼得多緊，卻又無比快樂。同樣三年，有人渾渾噩噩度過，但懂得給自己目標、又會盯著自己達成的人，就算只是兼職，就足以打好新事業的地基。

自律，從情緒管理做起

常聽人抱怨公司不好、老闆機車、同事白目，卻很少人問自己，究竟抱持什麼態度面對工作？如果認定現在的工作不值得投入，是否該另找一份自己願意投入的工作？或其實是自己對任何工作都不感興趣、沒有動力？如果是這樣，實在很遺憾，因為沒有一份工作能夠讓你生氣蓬勃，只有自己能讓手上的工作充滿樂趣。

我曾寫一篇文章談兩歲孩子的教養，提到：自律，從情緒管理做起，這個道理在職場，甚至是生活的任何領域都適用。

我從兩個孩子身上看到，兩三歲大的孩子就懂得控制情緒，擁有理性溝通的基本能力，但卻不時在許多成年人身上看到放任情緒發洩造成的傷害與影響。

孩子想要東西卻得不到，難免小哭大鬧，為此，我常在老公情緒快崩盤時提醒：「如果孩子默默對你說：『沒關係，沒有也好』，你應該更擔心吧！」

我們都不喜歡失望、不喜歡負面的人際溝通、不喜歡失敗。當我們面對種種讓自己不舒服的人事物，會有情緒的反應很正常，但是控制自己、不被情緒牽著走，做出讓自己遺憾或傷害別人的決定，卻絕對需要不斷練習才能做到。

身為母親，我每天都在接受孩子給我的磨練。一天晚上，女兒走出房門提出一些要求，但因為違背我一向的原則，我雖感到不悅，還是請她先回房再想想。

老公在一旁看電視，一邊聽著女兒與我的對話，並沒有插話。女兒回房後，他才對我說：「要是我，絕對已經抓狂，我沒辦法像你這麼淡定。」

我笑著說：「那你打算怎麼辦？生氣？吵架？你覺得把自己的想法都說出來，比較好嗎？」

他說：「肯定不會。而且肯定很慘！但是我覺得自己沒辦法這麼冷靜。」

我意味深長的看著他，「在接下來十年，我們的小兒子會讓你看到，當你直接表達不悅的想法後，會有多少天崩地裂的狀況發生。我因為試過無效，才會決定淡定面對。」

「情緒」常浪費我們的時間精力，卻又如影隨形，揮之不去。特別是處理大事時，好比要上台提大案子，我們焦慮；面對重要卻難搞的客戶，我們生氣；面對嚴詞批評卻決定我們去留的老闆，我們擔憂……，當情緒來攪局，花在「怎麼把事情處理好」的心思自然就少了。

同時打好「生活」、「工作」兩顆球

我很少看到能同時打好「生活」與「工作」兩顆球（有時甚至還加上了「孩子」與「健康」）、EQ卻很低的人。對我而言，工作就是工作，有On就有Off，只是很多人找不到開關鍵。而情緒也是一樣。我看著快三歲的兒子，因為吃不到小熊軟糖，就跪地崩潰大哭，心想：「真是個戲精。」卻又在十分鐘後，看著他被喜歡的歌給吸引過去，跟著開心唱跳，馬上就演起另一齣戲來了。他讓我明白，孩子只有當下的感受，沒有惱人的長期情緒。而我們做父母的之所以會受困於情緒，是不是因為不夠體察當下，而總遺憾過去、擔憂未來？

有天，當我正與小兒子在超市玩具區閒晃時，工作夥伴打給我，談到一個棘手的廠商又出了一個包。我立刻切換到「工作模式」，說起話來鏗鏘有力，堅持我們不能讓步。但兒子同時又拿著恐龍要吃我，這時我通常會做出很害怕的表情，跟著演起來。

但怎麼辦？同事還在線上啊！於是我用溫柔的口氣對兒子說：「寶貝，媽媽在講電話，你先讓我跟阿姨說掰掰，好嗎？」接著轉回嚴肅的語氣，對著夥伴說：「請跟廠商說不能接受。我們必須堅持。」最後用「正常人」的口吻結束通話：「抱歉啊！沒辦法再講了。真的謝謝你的辛勞，後續再聯絡喔。」掛了電話之後，繼續回到被恐龍追著跑的親子遊戲模式。

人生就是這樣，得扮演許多不同的角色，而且往往多種角色同時扮演。誰能掌握好每個角色當下的情緒，不影響自己個人生活或其他人，就有辦法活得精采、收放自如。

想成事，對自己嚴格是關鍵

而我面對自己情緒的方式，就是給自己一點冷靜的時間，恢復正常，再走回戰場。做幾次深呼吸、暫時待在一個房間裡、坐在車上，都是不錯的方法。要大哭就大哭，要鬼叫就鬼叫，要發呆要睡覺，都很好，但記得提醒自己：我把我的情緒留在這裡。怎麼跟情緒「說再見」，鼓起勇氣處理問題？對我來說，對孩子的愛一直都是帶我遠離情緒、走回戰場的動力。

想成事，「對自己嚴格」是一關鍵，但也有些人只懂得在做事上嚴格，卻不懂得在生活與做人上也要求自己「情緒自律」，這樣也稱不上是真正的 Self Trainer。

正因為「對自己嚴格」，所以連身心靈都一併安排妥當：足夠的睡眠是可以安排的，健康的飲食是可以安排的，適當的運動時間也是可以安排的，甚至喜歡做指甲、享受按摩、外出旅遊，所有的事情都可以妥善安排。

將每個自己在意的、重要的事情，一件件排在行事曆上，照表操課，加上穩定並愉快的情緒，任誰都喜歡與你合作與相處。

斜槓人生心法

- 永遠提早半小時，「提早」比「準時」更省時。
- 等著別人給目標的人，往往容易抱怨拖延；給自己功課的人，往往充滿正能量。
- 人生就是得扮演多重不同的角色，掌握好每個角色當下的情緒，就能活得精采、收放自如。

不能主動對自己殘酷，就只能等著別人對我們殘酷

前陣子有個台灣朋友在深夜找我聊天。我看看時間，台灣的半夜兩點，朋友怎麼還不睡？

「我睡不著。我一直在思考，為什麼自己會走到現在這個地步。」

她是所謂的「人生勝利組」，擁有一雙可愛子女，在知名公司工作多年，我沒親眼見過她老公，但從她過去的分享，感覺他同樣是位優秀的人才。雖然我們

已許久不見，但我以為同樣四十歲的她，應該工作生活幸福快樂，怎麼會突然敲我，還問了很難想像從她口中說出的問題？

「人生勝利組」面對的變化與挑戰

原來，她的公司大規模裁員，她也是其中之一。然而讓她大感挫折的並不是這件事，而是當她回家當起家庭主婦和全職媽媽時，才發現早已不知怎麼與青春期的孩子們相處，更不知道自己喜歡做什麼。最痛苦的是沒了工作後，她完全迷失了自我。

她的人生，一向都是被動接受別人給的挑戰，在父母師長主管給她安排好的路往前進。她聰明，很懂得如何「趨吉避凶」：會失敗的事，她逃得遠遠的。每次老闆問到：「有誰要試試看這個專案？」她都低下頭，心想：「如果失敗了不就慘了？」這是她給自己的好理由。

當一切風平浪靜時，這樣的性格讓她永不犯錯，乍看很安全，都不做當然不會錯。但當大環境的挑戰一來，她的「避險」心態，成了自己被殘酷淘汰的原因。

回想這十幾年的職場生涯，她曾主動去學習或追求過什麼？從來沒有。就連婚姻都是命運安排，在「對的時間遇上對的人」，就結婚了。現在少了工作，多了時間與另一半相處，反而發生很多衝突，甚至懷疑兩人是否該離婚，思考自己是否適合婚姻。

總是躲子彈，只會讓我們變成軟腳蝦

她過去因為戰戰兢兢升上了主管職，所以總覺得自己很行，面對孩子的功課或個性，總有許多挑剔之處。突然沒了工作後，她才認真審視，過去這些年，孩子的成長其實比她還多！

她也觀察那些被留下的同事，許多人學歷不比她高，能力也沒有特別突出，但他們在過去這幾年主動為公司開闢不少新疆土，早已不可或缺。而她，永遠做該做的事，對於開拓與學習，一點動力也沒有。「我沒被要求去做」、「這不是我職務範圍」，是她過去最常回答客戶或主管的話。

她形容自己就像別人動才跟著動的齒輪，本身從不發電，沒有能量。一旦外界力量停止了，她也不知道該往哪裡去。

其實她並不孤單。我在過去輔導一些媽媽創業時，她們最常告訴我的就是：「如果失敗怎麼辦？」她們已習慣為自己築起安穩的堡壘，每天安全的待在裡頭做著「該做的事」就好，對於「給自己挑戰」非常不習慣。就算是多年的職業婦女，也總是逃開有點冒險的機會。

我一向認為女性的能力與男性並無差異，但當我看到不少有能力的女性連是否要接下一個專案，或學習一項新技能，都怯生生回答「要回家問問我老公」，真讓我感到意外。

當我們習慣走在別人為我們設好的道路上，做能力範圍所及的事，久了之後，自然很習慣對自己太過於溫和善良。

不被眼前的安穩與小確幸迷惑

人很容易被眼前的安穩迷惑，這些「小確幸」讓我們每天上班下班、起床睡覺、日復一日，一不小心就忘了「如果有一天」真的會來到。反倒是從小在艱苦環境長大的人，「沒傘的孩子才會在雨中奮力奔跑」，只要自己願意接受磨練，成就往往高於一路平順的人。

我的父親曾對我說：「我認識的人當中，成績差、環境不好但卻很拚命的人，現在都是事業成功的老闆。反而是成績很好、環境優渥的孩子，變成這些老闆的部屬，一輩子為他們賣命。」雖然我的父親就如所有父母一樣，希望我的成長過程一帆風順，但也不忘提醒我「要對自己殘酷點」。我們不能安於待在舒適的泡泡中，否則哪一天有人戳破美麗的泡泡，我們就會像在外太空被人脫去太空衣一般，馬上失去生存能力。

我在教養孩子的過程中，也深有體會。我女兒未滿十一歲時，就搬遷到完全陌生的德國，一句英語和德語都不會說的她，實在讓人擔心她能否適應，但因為是她主動說要來與媽媽團聚，大家也只能寄予祝福。

有很多親友甚至覺得「這樣不對」、「媽媽太狠心」，認為我不該讓這麼年輕的孩子面對如此大的轉變壓力。聽到這些話，我知道是大家出於對孩子的疼惜，然而我並不認同這樣的教養方式。

離開無菌室，長得更健壯

我相信，在無菌室中長大的孩子，完全無法在未來的世界生存。因為「抗壓力」也總得要有「壓力」才能產生；「不怕失敗」的能力，也得要有「失敗」的經驗，才有機會愈磨愈強。而且這些壓力與失敗，不可能是「人造」的，只有自願踏出原本的環境，讓自己面對變化與危險，才有機會成長。

「不擅長的事，就不要去做了，浪費時間！」

「這樣可能會影響課業，不可以！」

「你還小，你不懂。這樣對你太危險。」

我們阻止孩子去嘗試，卻在他們長大後焦慮他們沒有面對挫折的能力，錯失成長的機會，實在很自相矛盾也很可惜。

在台灣有一群努力改進公園設計的家長，發現台灣公園的遊樂設施，完全是以「不讓孩子受傷」為設計目的，他們希望改變，讓孩子像過去一樣爬樹、奔跑、跌倒。我很欣賞這些家長的努力與勇氣，畢竟當公園變得沒那麼「保護」時，爸媽也不可能在旁邊滑手機，而得一起陪玩了！這也是我在德國遊戲區看到的普遍設計理念。沒有保護的攀岩牆和繩索、讓孩子自由去爬的樹木、任由孩子亂鑽亂竄的樹叢，這都是孩子最喜歡的探險遊戲，父母的雙眼也就不能隨便移開。

女兒決定來德國後，我只告訴女兒：「只要我們在一起，相信都能一起度過。」就讓她自己去闖了。

女兒來到德國後，一開始當然有「沉默期」，也很難交朋友，但班導師並沒有因此給她特別待遇，反而鼓勵她更進一步跨出舒適圈，去參加籃球隊。原本我還想，才剛入學，還沒適應就要加入球隊，會不會壓力太大？，沒想到女兒比我還「自虐」，決定加入一個人都不認識的球隊。事後證明，這是她做過最好的決定之一。

若不放手，怎麼知道會不會飛？

我很佩服女兒的勇氣，更欣賞她對自己的「殘酷」。因為在籃球之後，她又參加了在台灣完全沒碰過的「足球隊」與「排球隊」。

當我知道她這麼不怕苦、不怕難的積極嘗試後，我滿是心疼。但我問她為什麼想參加這麼多球隊，她回答我不是運動多有趣，或朋友要參加，而是：「我覺得把一個運動從不會學到會，是一件很棒的事！哪一個厲害的球員，不是從第一次摸球學起？」聽到這裡，我這個做媽媽的還真以她對自己的「殘酷」為榮。

過了一個學期的「自虐練習」，她甚至獲選為足球隊的守門員，和排球隊的首發球員，最終她決定以籃球為主、排球為輔，繼續往第一線球員努力。德國冬天天黑得早，她有時練完球都要摸黑回家。她會自己找同學一起搭車，並且記得打電話讓我放心。有時看她練球練到筋疲力竭，全身痠痛到走不了路，但下一次練球，她仍精神奕奕上場。這過程不只讓她學會一項運動，更磨練她的心志。我不免心想，當初我若不放手，怎麼知道孩子會不會飛？

我們都怕挑戰，但現實就是「不能主動對自己殘酷，就只能等著別人對我們殘酷」，然而我們也可以反過來看：「當我們願意對自己狠一點，別人就會對我們好一點。」

在車子還能好好跑動時，就該準備「備胎」，否則車子爆胎了，就來不及了！記得永遠為自己準備新的戰場，在風平浪靜時，就徹底磨練你的能力與心理素質，你就能在這世上站得更穩，遠比遇到困難時再趕緊學習，來得泰然自若多了。

斜槓人生心法

- 現在的「避險」心態，將成為未來被淘汰的原因。
- 有「壓力」才能產生「抗壓力」；有「失敗」才能磨練「不怕失敗」的能力。
- 永遠為自己準備新戰場，在風平浪靜時，就徹底磨練自己的能力與心理素質。

Part 2

大家都這麼做，不代表適合你

被雷打中的「天命」，並不存在

「媽，我不知道我的夢想是什麼？」

十四歲的女兒突然有點煩惱，對我這麼說。

女兒常與我談論未來要搬去哪，想做什麼事，往往滿臉興奮，想法天馬行空，但這次有些不一樣！或許是她真的長大了，升上八年級後，對於「未來」兩個字開始有點概念，但完全沒有頭緒。

「寶貝，你才十四歲，不知道夢想很正常，很多人到了四十歲，也不清楚自己的夢想是什麼。」

圓夢，水裡來，火裡去

我說這話並不是為了安慰鼓勵她，而是道出人生事實。就算一輩子都不知道自己的夢想是什麼，其實也沒什麼關係，也不一定就是浪費時間。事實上，經過幾十年追夢的過程，我感覺「夢想」與「天命」被包裝得太過於甜美華麗，反倒讓本就該「水裡來，火裡去」的圓夢過程，變得令人難以承受。

我常聽想創業的朋友說：「我想創業，但我不知道自己要做什麼。」「天命」似乎一直都沒有出現。他們穿梭在各種激勵講座，想從精采的人生故事得到啟發，但在短暫強力充電之後，還是得面對現實，感受到的卻是更多的失望與挫折。

特別是能力強、有背景的人，這樣的「苦惱」特別強烈。他們感覺似乎做什麼都可以，但會讓自己感到「熱血沸騰」、不顧一切衝刺的「天命」，卻好像一直沒召喚自己。做了A好像有點苗頭，遇上了一點不順遂，就覺得不適合；轉而做自己挺喜歡的B，但又不覺得自己能在那裡發光發熱。怎麼找，都找不到命中注定該做的那件事。

不同世代，不同的追夢心態

我擔任創業輔導講師時，不時會聽到「夢想」二字，而我總是鼓勵大家，要多思考自己想要的生活方式，以及想做的事，因為這些遠景，的確會幫助我們面對許多現實的挑戰。

然而，我也發現世代的變化。

許多五、六年級生，甚至七年級生，因為從小並不被鼓勵做自己、思考自己的未來，總是照父母規劃的路線前進，往往到了三十歲，仍過著自己不喜歡的人生、做不喜歡的工作，也不知道能怎麼辦。當說著「不知道夢想是什麼」的時候，帶著的是無奈，以及些許的悲情，甚至有些埋怨。他們其實已具備某些在職場上生存的「能力」，卻沒有「動力」。

但是八年級之後的世代完全不一樣了！在他們的世界裡，任何事都有可能發生。有十多歲的網紅就靠著重複著舞步而爆紅，有專業的電競玩家被媒體爭相報導，甚至小小發明家、創業家、慈善家，都在世界各地冒出頭來。現在二十歲創業是「剛剛好」，十多歲的創業家則稱作「新秀」。這個世代的教育是「只要你想，什麼都能做到」。許多這類孩子的家長，甚至是一手協助孩子創業的幕後功臣。父母不但鼓勵孩子做自己，還在金錢與行動上支持他們去闖。有時真讓我們這些六年級創業者羨慕不已。

然而，當八年級生說起「不知道夢想是什麼」的時候，與前幾個世代又完全不同。他們是在過多的選擇中，不知道自己要選擇什麼，他們知道自己「可以」做很多事，但是否真能「做到」？我看過許多八年級生想要創業，做了ABCDE 各種評估和嘗試，看了許多 TED 影片，甚至在自己臉書上說得頭頭是道、慷慨激昂，但就是沒真正挽起袖子去做。

我想起自己在女兒這年紀時，哪有時間談「夢想」？每天只是悶著頭讀書，把眼前的事情做好，那是我們那個時代的無奈。而現在的孩子，每天懷抱夢想，覺得讀書浪費時間，只希望有天也能追夢，也是另一個時代孩子的空虛。

鳥事總比好事多

現代社會強調要「自我實現」，找到讓自己發光發熱的戰場。許多電影與故事都告訴我們，如果找到那件讓我們燃燒的事，就會覺得人生每分每秒都好快樂又有意義。

然而事實卻是，這樣的好事極少，現實狀況甚至往往相反。倒是很多時候，當事情愈是沒那麼「誘人」，我們反而愈願意熬過去，撐到最後。當我們的幻想過度美好時，只要遇到一點挫折或不喜歡，就覺得「這可能不是我的天命」或「可能我配不上」而宣告放棄。然而，若不帶著「就是他了」的期待，反倒能更心甘情願接受本來就會遇上許多阻礙，關關難過關關過。

日本知名導演北野武在《超思考》一書中，也提到類似觀點。有時，就因為我們沒那麼「熱愛」自己在做的事，反而能更客觀的看待自己的工作，也更能接受鳥事總是比好事多的事實。

曾經有個極度熱愛婚禮的學生，上完三個月課程後，對我宣示：「我決定了！這輩子就要為我最喜歡的婚禮服務！」我聽到她慷慨激昂的宣示，笑著對她說：「先跟著我到現場三個月吧。」

第一個月，她帶著滿滿熱忱，每到會場都一臉精神奕奕，好像中了樂透一樣。接著她慢慢發現，原來新人意見這麼多，原來要穿高跟鞋站一整天如此折磨，原來就算感冒發燒四十度，也不能說不到就不到，因為新人的婚禮不可能為她改期。唯美婚禮的背後，原來要付出這麼多努力。她開始失去衝勁，懷疑自己是否適合，而對付出的時間有所保留，覺得自己是不是搞錯「天命」與「夢想」了。

有一次，她生理痛，仍必須要參與新人一生一次的美麗婚禮。我拿自己私藏的祕方給她，讓她到舞台後方坐下休息，同時跟她分享，這正是婚禮產業的真實面。如果經歷了這一切，還願意做下去，才叫「真愛」。但我的經驗是，其實不需要這麼熱愛，還是可以在這行做得很好。就像我從來沒熱愛過婚禮，但我依舊能盡我所能，把工作做到最好。

沒有一份工作，會只有好的部分，而沒有討厭的人事物，很多時候都得處理「鳥事」，而非享受「好事」。每天一起床就開心去上班的童話故事，真的只屬於電影情節。

然而「為什麼」還是要起床？那個「為什麼」才真正決定了一個人是否能堅持到底。多數人不是因為「喜歡」才繼續，而是決定繼續努力一天又一天之後，更深刻體會酸甜苦辣的箇中滋味，才真正「愛上」的。就像我的「為什麼」，其實很簡單，出發點只是為了「生存」。當初決定創業，就是為了想要有收入的同時，也能陪孩子長大，所以選定自己能力所及可以做好的事，接著就是努力成事。

一開始你也許還不清楚自己適合做什麼，但慢慢做、慢慢從中找出你的「為什麼」，讓自己更有動力起床打拚，一天接著一天，案子接著案子，愈做愈熟，愈做愈有心得、愈有勁。在這混亂中成事的過程，才是實實在在的「圓夢」。

夢想，可以慢慢來

經過多年沉潛和母職的反思，我開始不這麼喜歡「暢談夢想」。因為這世界上缺的不是做夢的人，而是把手上受託之事做好的人。

未來需要更多 Doer，而不是一堆 Dreamer，Doer 愈多，愈能改變世界。一個願意把手弄髒、從頭開始做到尾的人，才能看著公司從無到有，他們或許沒能看清楚五十年後的遠景，或許沒能每天抱著興奮的心情上班，但這些努力把手邊事情一件接著一件做好的人，才是成就社會、運轉世界的真正推手。

我告訴女兒：「別急，夢想可以慢慢體悟，慢慢成形。」現在先學著把一件事情好好做好。

學校的任何一個報告，從頭到尾好好完成；球隊的任何一次比賽，從練習到結果出爐，都用同樣的拚勁努力；答應別人的每一個「好」，都真真正正是個「好」，盡力達成。能夠好好做到這些，其實已經是很多人「夢想」達成的目標了！如果一個人能得到周遭人的信任，認為「任何事情到他手上都沒問題」，甚至相信這個人能「點石成金」，那麼無論他未來選擇投入任何產業，是創業還是受雇者、是在大公司還是小公司，都會成為正面的前進力量。

我們常聽許多成功人士分享為什麼成功，是因為他們總抱持著「我會讓它成功！」的態度，這種態度比是否遇上天命，來得重要多了。沒有這樣態度的人，就算有絕妙的好點子，也絕對無法成事。因為從無到有、開天闢地，需要走過太多辛苦路，不只是時間與精力的投入，還可能面臨資金與人才的短缺、中傷與詆毀、競爭與挫敗，除了靠著「熱愛」，還得要有「拚到完成」的毅力與決心。

自從女兒搬到德國後，很多親友會說：「哇！那她一定每天都很喜歡上學。」在他們想像中，德國的教育與學校生活像天堂一樣美好，然而事實並非如此。從女兒一來德國，我便誠實告訴她：「移居到另一個國家，絕對有許多比生活在自己故鄉辛苦的地方。不要去比較，只要一個關卡接著一個關卡努力闖過就好。妳一定可以辦到。」

她也沒讓我擔心過，無論是語言或者嚴寒的冬天、全新的交友圈，她都專注向前走，沒讓自己被「德國生活怎麼原來是這樣」的聲音左右。在我看來，放下對德國的美麗幻想，也沒有抱著「天堂」般的錯誤想像，是她能夠把「辛苦適應」轉為「只要過好每一天」的關鍵。

女兒的經驗也讓我更加明白，抱著不切實際的「夢想」，對於發展抗壓力與毅力沒有太大幫助。無論在孩子的成長或者個人事業的發展上，實際面對眼前的問題，逐步解決，才是往前推進的關鍵心態。

如果父母總在抱怨社會，抱持「教育制度改變了，我們才能好好教孩子」的態度，就絕對無法好好教養孩子。因為現實總是「不完美」，能與不如意的「現況」爭戰而得勝，比寄望著「整個環境都順著我的意思」來得更實際，也更有幫助。

斜槓人生心法

- 放下對夢想的美好想像，先學著把一件事情好好做好。
- 這世界上不缺做夢的人，但缺把受託之事做好的人。
- 在混亂中成事的過程，才是實實在在的「圓夢」。

「大家都這麼做」的事，不一定對

十四年前，台灣的婚禮顧問產業才剛開起步。當我決定創業，並選擇投入婚顧這一行時，常被問：「你需要上台唱歌嗎？」沒人知道婚禮顧問是做什麼的。如今市場上有多不勝數的婚禮相關服務，這是當時的我完全無法想像的光景。

我常笑說：「我的婚顧公司在當時可是『前三大』呢！」當眾人露出佩服的表情時，我才說出實情：「因為當時台灣只有三家婚顧公司啊！」也因如此，服務內容包含什麼、如何計費、服務客戶的眉眉角角，幾乎沒有參考依據，全由我們這行業的開創者邊試邊闖出方向來。

不做別人都做的事，才能決定市場

我還記得，當時比我早開業幾個月的某婚顧公司老闆，是企業家第二代。有富爸爸投資，接的案子都是世紀婚禮，要與他們爭市場，根本不可能。所以我每天都在問自己，「我的客層在哪裡？」、「我有什麼核心競爭力？」。終於，讓我抓住了當時竹科與南科「電子新貴」崛起的潮流。

這群客戶與我有相似的家庭與教育背景：我們都來自中產階級、重視教育的家庭，所以我與他們的父母很能溝通。而他們沒有時間籌辦婚禮細節，卻也不希望被長輩牽著鼻子跑，這點也與大戶人家能花許多時間金錢在婚禮上，卻大都由長輩決定的生態不同，而這與我的性格相符。

他們更是台灣開始使用「網路討論區」和「網上論壇」的首批先鋒，因此十分習慣透過網路搜尋資訊、用MSN溝通。這也讓我可以不需要花廣告費，不需要搞大辦公室，單純在網路上與潛在客戶互動，就能經營我的「無本生意」。我當時就靠著一支向媽媽借來的電話兼傳真機，一台可以上網的舊電腦，腿上還抱著剛出生的女兒，開創我的一番新事業。

當時新興的婚顧公司多半鎖定「高端客層」，因此計價方式也常用「婚禮規模（總花費）」來收取不同比例的服務費，還會在增加相關服務時，再私下抽成。看著這樣無限上綱的收費方式，我自己都不想消費了，當然不會採取同樣的做法。所以我決定按件計酬，而額外的服務價格，一律透明化，讓新人清楚知道所有成本，並收取固定的婚顧服務費，還開始提供「婚禮主持人」的單項服務，與飯店已有的服務配合，也是台灣第一個系統化開設課程培訓婚禮服務人員的公司。

不問「別人都怎麼做」，才更有勇氣

當時我最被親友質問的就是：「為什麼不好好在家照顧孩子，要在剛生小孩時創業？」決定創業，是因為當時連尿片都要算清楚「一片多少錢」，才挑最划算的買；機車加油每次也只加五十元，只為了多一點中統一發票的機會；住在老家房子，還付不起房租給媽媽，更別提存錢或準備教育基金。這樣的經濟環境，不是我希望過一輩子的。創業雖然有風險，但不嘗試就是零，所以就在算好「最低成本」的方式下（我當時所有的創業成本加起來，不到台幣五萬元），大膽踏出第一步。如果當時的我要問「別人都怎麼做」，那我肯定不會嘗試。

由於我堅持自己帶孩子，還堅持親餵母乳，所以在孩子剛出生時，我像個「袋鼠媽媽」，隨時帶著孩子四處跑。我會選擇投入婚禮顧問這一行，並不是對婚禮有浪漫憧憬，而是實際的考量：「拋頭露面」的時間最短，又能產生最大的效益。

我在創業頭半年，每回接洽新人時一定會「從實招來」：「我有一個剛出生的寶寶，不知道介不介意我開會時帶著她？」

有些人會拒絕，那當然就無緣合作。而我很幸運，遇到很多熱愛小孩的客戶，甚至有些還是懷孕的準媽媽，我們除了聊婚禮，還聊懷孕與媽媽經。回想起那段時期，還是覺得有點幸運得不可思議！如果我當初想著「大家都怎麼做？」我也就完全不會有兼顧事業與家庭的機會了。

這些在現在看來，都不是太特別的做法與觀念，但在當時的社會中都是「前無古人」的新嘗試。如果不是因為當年的業界「什麼都沒有」，任憑我們闖蕩，我或許沒這麼大勇氣創下市場規則，反而會讓市場來決定我的原則與做法。

別總是觀摩學習，還要開疆闢土

我常對婚顧界的後進說，不要只是觀摩學習，一定要開疆闢土，因為那才是最有意思的地方。

世界一直在變，用舊招數只能去搶固有的市場，只會讓彼此獲利愈來愈萎縮。開拓新業務，或許有失敗的可能，但只要計算好代價是自己付得起的，就勇敢創新吧。

母親可算是地球上存在最久的「職業」，但隨著時代轉變，母親的「執行方式」也得創新。雖然教養的基本原則雷同，但過去的母親不需要面對網路世代，也不懂這麼多科學、醫學、心理學，現代母親的面貌也該因此變得更多元，更有趣。

過去女人只能在「家庭」與「事業」中擇一，或者將兩者「硬塞」在自己已經很擠的時間表中，但現代社會的女性已有很多選擇。也因為有許多媽媽前輩不照別人走過的路前進，面對許多質疑和挑戰，仍堅持開創新天地，才讓我們知道自己有著更多的選擇，也更加的勇敢。

我常問自己「Why not?」，當別人說「婚禮沒有人這麼做的」，我則會想，「如果這麼做了會如何」。人生也是如此。當我們覺得「別人都這樣，我能不嗎？」，試著多想「Why not?」。

知名電動車品牌特斯拉（Tesla）的創辦人馬斯克（Elon Musk）一直是我十分欣賞的企業家，倒不是因為他經營事業有多成功，而是他從不想著「大家都這麼做」。他常想的反倒是「怎麼沒人想過這麼做」，因此能成為汽車產業的新銳企業家，一手創辦的「Space X」公司，也顛覆傳統太空產業的「行規」，大幅降低火箭發射成本，成效卻更好。這些都是跳脫現有框架的好例子。

無論經營事業或人生，別總想著「大家都這麼做」。因為別人都走的路，不一定是對的，更不一定適合你。這世上沒有任何人跟另一個人完全相同，又何必有同樣的選擇、同樣的人生？或許換一種做法，試試看「沒人做過」的方式，不但能譜寫專屬於自己的特別故事，還能刺激後進想出更多新點子呢。

斜槓人生心法

- 世界一直在變，用舊招數只能去搶固有的市場，只會讓彼此獲利愈來愈萎縮。
- 沒有任何人跟另一個人完全相同，又何必有同樣的選擇、同樣的人生？

放下「可是」，才能成事！

你身邊有沒有這樣的朋友？想減肥，「可是我很愛喝飲料」；想健康，「可是我就是沒辦法早睡」；想運動，「可是我好懶」；想創業，「可是我什麼都不會」；想改變自我，「但是我已經這樣一輩子了」。我擔任創業輔導講師的那幾年，很驚訝的發現，這樣的人還真不少。

在科技產業當了多年小主管的M透過朋友聯繫我，希望能在為人賣命多年之後，自己創業，給即將出生的孩子更好的生活。他想知道怎麼做才能「兼職創業」，因為目前他仍是家中唯一的經濟來源，不能沒有收入。

第一次見面時，M有備而來，他在評估階段聽了許多演講，每位講師的背景都如數家珍，還抄了滿滿筆記。他也準備了搜尋到的資料，甚至正反面的SWOT分析表，鉅細靡遺。我看著眼前頗有決心的M，聽他說完自己在這評估的半年內做了哪些功課，就問他：「那你為什麼還沒做決定呢？為什麼還沒開始？」

他整個人突然從熱血沸騰，變為憂心忡忡。他告訴我，老婆和家人如何反對、工作沒辦法立刻脫身、他回家就已經累得像條狗怎麼多做什麼、如果不成功怎麼辦，經過了半年，他仍舊在「思考中」。

總是在準備中……

我常聽到人說：「讓我思考一下！」但當我問：「思考很好。那麼你還在考慮什麼呢？」他們往往語塞，說不出話來。因為他們其實也不知道自己到底還在考慮什麼，只是跨不出第一步，他們的「可是」，就讓他們癱瘓了。熱血青年只活在想像與期望裡，現實生活中，他是一個充滿「可是」的人。

後來，我慢慢從經驗中得出一個心得：別試圖推動連第一步都踏不出去的人，這比推動一座山還難。他們往往穩如泰山，坐在原地「思考」，然而面對「行動」，有太多「可是」讓他們無法挪動一寸。

是因為動力不夠強大嗎？或許也是。然而有很多這樣的人，真的身處在岌岌可危的現實狀況中，再不改變，就沒辦法生活下去了。反觀行動派的人，並沒有很多「現實原因」迫使他們改變或努力，他們只是習慣刪除腦中的「可是」，著眼在實際的「規劃」與「行動」上。

而內心常有很多「可是」的人，也習慣尋求別人的安慰與理解。面對難題的當下十分安靜，一旦下了班或離開現場，對著朋友家人甚至路人甲埋怨時，卻很有話聊。過去我也認為傾聽這些想法是同理心的表現，但聽太多後也慢慢知道，就算花再多時間，他們埋怨的內容還是一樣，不會有太大改變。

不過，我並不是在職場上認清這個事實。

我在十幾年前擔任某個媽媽網路討論區的版主，有許多媽媽總是匿名求救，抱怨自己的狀況，詢問別的媽媽該怎麼解決。我在網路平台上，讀著一行行血淚故事，很希望能為她們做些什麼，所以除了扮演好版主的角色外，我還偶爾擔任這些媽媽的地下心理師，希望能開導她們，或幫助她們採取行動，改變自己的生活。

問再多，不如一個決定；思考再多，不如一個行動

大部分在版上發問的問題，都不是嚴重到無法解決，例如：怎麼安排帶孩子出門而不整天鎖在家，老公都不做家事怎麼辦……等。但就算問題下方的留言區已滿滿都是「方法」，她們仍舊回覆「『可是』我的狀況和你不一樣」、「『可是』我的老公跟你的不一樣」、「『可是』我的個性就是這樣」……

我常想：「如果是這樣，為什麼還要上來請教別人的經驗？」後來才發現，這些媽媽網友看似想要找到答案，其實只是需要被摸摸頭、拍一拍，而不是真的

有心改變現狀。適當的表達情緒感受，當然是需要的，但過度宣洩，又沒有實際改變的作為，那容易浪費自己也浪費別人的寶貴時間。

如今的網路社群發達，這樣的行為更是常見。對另一半有意見時，不是先溝通，而是先po文；對週末加班的反感，不是思考怎麼向公司表達並調整工作，而是先上網抱怨。常常抱怨自己生活的人，也常說「不能再這樣下去了！」、「我受不了了！」，事實上這樣的人往往過了五年還在同一家公司、抱怨同一件事情。

自從我在兩年前開設臉書粉絲專頁後，常收到不少媽媽私訊聊到自己面臨的挑戰。面對工作與生活之間的取捨，也有不少媽媽會問：「你怎麼做好時間管理？」、「你怎麼有勇氣面對？」、「身邊的人不同意怎麼辦？」我除了分享自己的經驗之外，總是不忘提醒：你最清楚自己的狀況，知道怎麼做最適合自己，所以重點是做出決定、付起代價，因為問再多，不如一個決定；思考再多，不如一個行動。

用要求孩子的標準，來要求自己

我相信身為父母的我們，都很不喜歡聽到孩子說一堆「可是」，特別是我們要孩子立刻去做出改變時。

有一次演講，我問聽眾：「如果你們的孩子數學很差，你會怎麼告訴他們？」

大家的回答都很積極踴躍，「找出問題，努力改善」、「多多練習」、「不會的問題去問老師」。

我說：「那麼如果孩子說『可是我就是沒有時間』、『可是我就是不喜歡數學』、『可是我不懂』，怎麼辦？你會告訴他們：『不會就算了，沒關係；這就是你的個性，幹嘛逼自己那麼緊』嗎？」

許多人都大力搖頭。

既然如此，我們自己在遇上難題時，為什麼總是一堆「可是」？為什麼總希望別人這樣安慰我們？很多時候，我們對孩子提出的要求，還遠遠高過於對自己的要求。

在這十幾年來，同時育兒與創業的辛苦，讓我生出無數次想放棄的念頭。有時，倒不是想放棄全部，而是想逃避自己討厭的人事物，試圖繞道而行，不去面對。這是人的趨吉避凶的天性。

然而每當我有這種逃避心態時，就會想起我的女兒：如果我的孩子遇到這樣的狀況，我會希望她怎麼做？我會希望她總說「可是」？還是希望她能舉起發痠的雙腿向前走？

很多時候，孩子反而是我的老師。上個學期，女兒因為數學成績不錯，數學科主任希望她學習更進階的內容，於是邀請她加入特別的數學加強小組。

女兒其實不想參加，因為這代表待在原本級別就可以輕鬆過關的她，現在得學習更多更深的內容，還必須與自己不太認同的老師合作。正如人都喜歡待在自己的舒適圈，很少人願意主動跳進所有人都比自己強的環境，也不會特意與自己不熟悉的人相處。

女兒於是直接對數學科主任說出自己的想法：她覺得自己能力不夠，甚至「斗膽」向主任表明，自己對特別小組數學老師教學方式的意見。

我聽著她描述，沒有多說什麼，我想看看，已經十四歲的她後續如何溝通與決定。

她與主任談了兩次之後，腦中「可是我不想」的聲音雖大，最終還是決定接下挑戰，想試看看自己做不做得到。

經過一個學期，她熬過來了！並得到老師極大的肯定。雖然她不是班上數學能力最突出的學生，卻是最正面積極參與的那一個。就如面對移居異鄉的語言問題，來到一個人也不認識的新校園，她有太多可以大叫「可是」與「算了」的理由，但她衝破了害怕的感受與環境的限制，一一突破。

身為母親，我看著一天比一天成熟獨立的她，很是驕傲，同時也提醒自己「別輸給孩子了，我得為孩子做個榜樣才行」。

練習多看「可能性」

面對新的角色與挑戰，我們的腦子中總會有許多「可是」，但千萬別讓自己聽從這些聲音而放棄，更不要大聲嚷嚷或合理化自己的抗拒，免得我們真的被這兩個字癱瘓了腦子與行動。

放下「可是」是需要練習的。

我的創業好搭檔、也是我的好姐妹思頻曾說：「每一個問題，都有一百個解決方法。」這句話我再認同不過。每當我們面對抉擇，如果著眼在「阻礙」上，就會生出一堆「可是」；但若是著眼在「方法」上，就會生出許許多多的「行動」。而往往只需選擇其中一個行動，認真執行，就能收到很好的成效。

每次做決定時，練習多看「可能性」，想辦法解決那些「不可能性」，久而久之，放下「可是」就會成為一種本能反應。

放下「可是」，才能成事！千萬別讓自己只會畫大餅。如果你剛好身為孩子的父母，面對人生挑戰時，想想我們會期望自己的孩子怎麼說、怎麼思考、怎麼行動，照著做，就對了。習慣著眼在「方法」上，你會開始看到完全不同的世界——一個充滿可能性的世界。

斜槓人生心法

- 問再多，不如一個決定；思考再多，不如一個行動。
- 著眼在「阻礙」上，只會生出一堆「可是」；著眼在「方法」上，就會生出許許多多的「行動」。
- 我們期望自己的孩子怎麼説、怎麼思考、怎麼行動？照著做，就對了！

Part 3

工作與生活的完美演出

想要生活／事業共融？堅守每日生活的「界線」

「天啊！到底能不能休假？」

每到假日或週末，總不免看到親友們發出類似怨言。

台灣工時在全世界已是前幾名，若把下班後還在處理公事的時間算進去，我想絕對是世界第一。本該屬於私人領域的社群媒體與通訊軟體，都已被公司當作同事或廠商之間溝通的主要管道，甚至還聽聞「已讀不回要扣錢」的做法，公私之間的界線，愈來愈模糊了。

其實，真的沒有那麼急

有一次週末時，台北辦公室的夥伴無奈又有點生氣的向我抱怨：「我現在和家人在日月潭度假，還要一直回覆廠商訊息。他們到底讓不讓我放假？」我看了他們的通訊紀錄，其實根本不是馬上得處理的急事，等到週一上班再聯繫也無妨。

有時只是合作對象想到什麼事，就立刻傳來訊息，我們自覺「必須盡責」而啟動工作模式，甚至開始聯繫相關人士，每個合作夥伴的假期都被影響，更別說還影響了陪伴家人與朋友的時光。

我對夥伴說：「我們是婚顧公司，不是醫院急診室，如果不是『今天必須解決』的急事，不處理也不會出人命。」我要她別回訊了，連讀都不要讀，專心陪家人，好好放鬆。

我們雖然從事服務業，但我們也是人，也有私人生活。一家發展健全的公司，會將該辦的事務都安排妥當，公司裡都有代理人可以代為處理，除非緊急事件，否則都該尊重每個人工作與生活的界線。就算是我們上班，而對方放假，對方的時間也應該被尊重，這才是一家真正懂「服務」的公司，因為「服務」的本質正是「尊重」與「體貼」。

我住在歐洲，同事都在台灣，中間有六到七個小時的時差。雖然我的角色是老闆，但每次發訊息之前，我會算一下台灣現在是幾點。如果是對方的上班時間，那傳即時通訊息自然無妨；但若是對方的下班或休假日，我絕對禁止自己傳訊，會改寄電郵，甚至等上班日再傳。這樣行之多年，我們也從未因此發生過重大的工作閃失。

對於不同夥伴，我也有不同的做法。有些人嚴守私人時間，所以我可以自由寄電郵給他，而不會感覺打擾到他；但有些夥伴個性謹慎戒備，我只要一寫信就會立刻回信，那麼我在休假日或週末絕對不會發信，以免干擾對方的休息時間。

為什麼要這麼「小心」？每個人總要有「個人生活」與「工作事業」之間的界線。無論這界線設得嚴格或寬鬆，一旦「失守」，無論你是小職員還是大老闆，自己與身邊的人都會連帶受到影響。學會設下工作與生活的界線，是在我無數次被公事越界又堅決捍衛私人領域之後，學到的重要一課。

上下班的界線，由你堅守

我的婚禮顧問事業，是從什麼事都得自己來的一人工作室開始，度過了幾年在家接案的日子。

記得有一次，我終於安排一個「沒有婚禮」的週末，來場久違的旅行。出發前幾天得知，有個中颱轉為強颱，而且剛好在旅行的目的地墾丁登陸！但是我已經半年多沒有好好休假旅遊，旅館也都訂了，怎麼辦？最後還是硬著頭皮去了。

車子愈往南開，風雨愈大，等我們一行人到達旅館，早就是風雨交加的颱風天。我做的第一件事，不是放下行李休息，享受難得的假期，而是問櫃臺：「你們的商務中心在哪裡？」我已經有好幾個小時沒收信了，那份擔心搔得我好癢，催促我趕緊找到能上網的電腦來收信，才能安心。

我從墾丁回台北的路上，一直在思考：「這是我的假期，為什麼就連我是自己的老闆，都沒辦法放自己一天假？」還是正因為我是老闆，所以得失心更重？

然而這不是我創業的目的。我創業，是希望能有時間陪孩子，但在她身邊時，我卻總想著工作，總有處理不完的公事。

這些事真的「必須」當下處理嗎？

我經過台南一家小店，是網路大推的排隊名店，今天卻拉下鐵門不營業。我看見門口貼了一張「老闆度假去，今日不開店」的公告，大受震撼。這條「上班下班」的界線，我無法靠別人給我，必須由自己堅守，否則只會節節退敗，直到毫無私人時間可言。

特別是在家工作的人更需認清這個事實。隨時隨地都能工作，並不是一件美好的事，尤其對我們所愛的人並不公平。

我開始規定自己，哪些時間絕不工作。一開始，甚至必須關上工作室房門，或帶孩子出門散步、去公園玩，來戒掉自己的「工作上癮症」。幾天下來，成效還算不錯。

實行一段時間之後，我開始能感覺到自己在休息時間得到真正的放鬆，也愈來愈熟練的回答「請您稍待一兩天，週一上班會立刻回覆您」，而不帶任何愧疚。工作時間的每一刻，我認真度過，同樣的，我也全心投入我與家人朋友相處或自己獨處的時光。

這樣的習慣一直維持到今天。每天送兒子上托兒所之後的三、四個小時，就是我僅有的上班時間，其他時間則全心陪伴家人，專心投入。除非有緊急事件，否則同事都知道不需在非上班時間找我，因為我不會收訊息。而我也同樣尊重同事與合作夥伴的工作與私人之間的界線，有時還得由我提醒他們別再回覆信件、掛在網路上，快去吃飯休息。

我腦中常浮現這樣的景象：對方的孩子或家人，圍繞在他們身邊講話聊天吃飯；如果此時對象正與我通訊，那麼她的注意力絕不是放在這些重要的人身上啊。「快去、快去，別理我！」我常常得要這麼對朋友、同事說。工作生活的界線應該由自己設下，而不是由別人來控制，除了很特殊的工作，如醫護人員或消防員之外，我相信很多事情真的可以等。

有些人會使用兩支手機，將私人與工作領域分開，我覺得是不錯的做法。或者是手機不帶進房間，吃飯時將手機放得遠遠的，也是很棒的方式。無論如何，我們得自己捍衛私人時間，甚至將這樣的「文化」傳遞出去。當有人有意無意侵犯了我們私人的時間，我們能不感到「抱歉」，而是有禮但堅定的表達「現在不方便」。當更多人明白這樣的界線，我們才真正找回私人生活的品質。

工具無罪，端看如何使用

我剛搬到德國時，由於時差關係，常一起床就看到數百個與我沒有直接關係的訊息，實在有點困擾；加上我在海外生活的喜怒哀樂，也感覺沒必要與生意上的朋友分享，有好幾個月的時間我感到左右為難，直到我想清楚了不同層次的「關係」定義，並為此設下界線，才完全改觀。

我一直相信：工具無罪，是使用者錯用了。社群媒體或通訊群組的好處仍舊多於壞處，端看我們如何使用。我們總希望廣結善緣，在社群時代多交朋友的確是好事，只是這些「朋友」與你的關係深入到哪些領域與程度，需要好好思考。

德國並沒有很多人使用社群媒體，就算有帳號，也很少po文，大概只有生日、旅行或結婚生子，會看到一些動態。甚至有些人對社群媒體十分反感，認為那些互動都很虛假，甚至侵犯個人隱私。初來德國時，我也曾想過是不是該入境隨俗，少接觸社群呢？然而，經過一段時間的試驗，我仍舊覺得無論於公於私，與台灣維繫一定程度的互動關係，社群媒體都是很重要的管道。

所以我選擇開設「粉絲專頁」當我的「客廳」，讓喜歡我文章的讀者，或生意上認識的合作夥伴，都可以在這裡看到公開的訊息，也能與我互動。而生活上的朋友才會加到我的私人臉書，也就是我家「餐廳」，歡迎好朋友同桌吃飯。生意上互動卻沒有私交的廠商，我也不會因人情而「加好友」，彼此以電郵聯繫就以足夠，如此可以避免公私生活不必要的交疊，讓工作上的溝通往來單純化。

我私人網頁原本有超過四千的好友數，依此原則劃分領域後，一下子刪至八百人，雖然會讓一些人覺得被排拒在外，但關係清楚後，我在自己的空間裡更能自由自在分享自己與孩子的生活點滴，而不會有被窺探的感覺。

至於那些每天都幾百則訊息的群組，我全部退出了。事實上，我還把整個 App 刪除，到現在已經滿三年，並沒有造成任何生意或關係上的損失。最大的改變，就是我的手機變得非常安靜，而我也變得專注。

或許有些人會說，完全不用不就好了！如果你的工作型態可以這樣做，也覺得這樣的方式適合自己，當然很好。不過有很多人仍舊是透過社群媒體和網路購物經營事業，既要依賴這些工具維生，又想在工作和生活之間找出平衡點，自然更需要妥善的思考與安排。

關於「界線」，還有人際溝通、婚姻、財務管理等方面，都很值得深入討論與設下界線。每個人都應該堅持自己的原則，而非總是「別人這麼做，我也跟著做」，懂得「好好說不」絕對是一種智慧的表現。

斜槓人生心法

- 隨時隨地都能工作，並不是一件美好的事，尤其對我們所愛的人並不公平。
- 不是「今天必須解決」的急事，不處理也不會出人命。
- 「上下班」的界線，無法靠別人給予，而是自己必須堅守的。

好好照顧自己，絕對是第一要務

《創業家》（*Entrepreneur*）雜誌曾訪問幾位美國百大企業 CEO，想了解他們如何開始自己的一天。他們當中有些人每天五點左右便起床，是超級晨型人，起床後就冥想、散步；有些人則是夜貓子，總是工作到深夜。也有些人喜歡用運動，甚至激烈如衝浪，做為一天的開始，有些則比較喜歡沉思與閱讀。

成功人士如何開始一天？

我們不難發現，這些 CEO 就算十分忙碌，仍舊非常清楚自己的身心靈需要什麼，接著安排時間表來配合自己的需求。他們也十分尊重個人行事曆，不容許日常瑣事隨意干擾自己冥想、晨跑或衝浪。他們清楚自己生命的優先順序，並且努力堅持。

然而我們絕大多數人的心思，會隨著眼前事務改變。當準備考試、談戀愛或結婚、想衝刺事業、有了孩子後，生活焦點就隨之改變。生命的確是個變動的過程，這樣的調整也絕對是必要的，但我們往往因此將「自己」放到長長的要事清單的最後。特別是當我們覺得自己有責任在身，例如事業與孩子，也就特別容易不小心燃燒殆盡，到最後顧全了大局，卻失去了自我。

但這些日理萬機的 CEO，起床的第一件事卻是「照顧自己」。無論是花半小時冥想、運動，或好好吃頓早餐。因為，唯有自己處在最佳狀態，才有辦法生出力量面對層出不窮的挑戰。

我在看這些成功人士的例子時，也會思考到他們與我不同的條件。

他們多數是男性，是父親而非母親。我不清楚他們的家務與育兒如何安排分配，但以他們的經濟能力，至少請幫傭或保姆幫忙的可能性比我高出太多了，也或許有賢內助幫助他們處理孩子的大小事。

名單中唯一一位女性托里・柏奇（Tory Burch），也是時尚品牌 Tory Burch 的執行長兼設計師，她是唯一一位提到孩子的 CEO。她每天五點四十五分起床，快速回覆電子郵件後，叫醒三個孩子，然後運動。

她是否也與我們大多數的職場母親一樣，雖然工作忙碌，仍舊在家庭中負擔多於父親的育兒與家務責任？這一點我們不得而知，但我不難想像，每天早上有成千上萬工作勤奮又傑出的女性，起床後無法如她們的丈夫一樣冥想與運動，甚至坐下來好好喝杯熱咖啡。當孩子三歲之前，這樣的情況又更加辛苦。

但這就讓我們放棄「好好照顧自己」這件事了嗎？怎麼想，都不該如此。反而因為我們身兼母親與職場女性兩種重要角色，我們更應該讓自己處在身心靈的最佳狀態。

我過去也認為：「我是個創業的母親，當然忙、當然累。這都是必要的犧牲。」但這樣的心態，只是「被動」接受犧牲的事實，而非「主動」安排我的時間與先後順序。

勿拿生命換事業

許多創業家或職場工作者，都用生命來換取事業的成功，且大多自認「人在江湖，身不由己」。這樣拚個幾年或許無妨，但若是延長到十年、二十年，絕對是壞處多於好處，而因此被拖累的，往往正是我們原本想極力照顧的家人。

我父親在五十歲時罹癌過世，對我們全家人來說，都寧可他少點應酬，少賺一台車、一間房，但能夠多陪我們到他七十歲，親眼看到自己的孫兒長大成人。

這些道理人人懂，然而是否能夠做到優先照顧自己，需要主動堅持。

就如許多職場家庭兩頭忙的母親，我有段時間也曾將家務外包、與孩子「隔離」，以為這樣就能完成更多工作。結果犧牲了家庭生活品質，而我在接送和安排之間奔波忙碌，也沒有使我更有效率。所以我決定「反其道而行」，重整我的工作時間，看起來工作時數更少，但產值卻更多、更好。

「好好照顧自己」對現代人來說絕對需要「強制執行」。以下是「強迫對自己好一些」的方法：

一、安排工作表前，先安排足夠的休息

我每天一早就要「上工」照顧幼子與家人，還要經營台灣的公司與寫作，需要很多體力與精神。過去我習慣「眾人皆睡我獨醒」，孩子上床後才工作，但往往白天覺得疲累不堪，情緒自然也受影響。一段時間下來，我發現這樣的工作時間快把我擊垮，勢必得先讓自己好好休息才行。

所以我把挑燈夜戰的固定行程刪除了。每天睡前留給自己安靜的時間，與丈夫看劇、看球賽或聊聊天，並且比原本更早一點上床睡覺。因為睡前都會留時間與丈夫互動，我不再擔心忙碌工作會讓我失去關係的緊密。也因為睡前不工作了，睡眠品質變得更好，這對於偶爾得半夜起床安撫寶寶睡覺的新生兒父母，非常重要。當我們睡得好，隔天起床的精神也好多了，更能夠專心思考。

很多媽媽在孩子睡了後就「捨不得睡」，我也常有這樣的心情，當工作很多時，更希望趕緊「加班」完成。但我知道，如果睡眠不足或品質不佳，會容易變

得暴躁沒有耐性，很容易因為一點小事，像是兒子把牛奶灑一地，或收到一封棘手的電郵，就把自己與全家人的心情都搞壞了。孩子清晨六點就跳到床上把爸媽叫起來的舉動，在睡飽時很可愛，但如果睡不到六小時被吵醒，可就完全不是那麼一回事了。

「擁有自己的時間」與「熬夜到一兩點」是不同的兩件事。親身實驗的結果發現，如果我前一晚過了十二點才睡，隔天肯定心情很差。睡飽一點，心情會好很多，而睡眠的時間與工作時間一樣，是需要規劃和堅持的。

二、接納每個階段「生命順序」的改變

人生每個階段都有不同的任務、狀況與需要，當然也會有不同的先後次序。臉書創辦人祖克柏在成為爸爸之前，一手創辦的公司是他投注最多時間精力之處；寶貝女兒出現後，他與妻子的關注焦點也隨之改變。他請了兩個月育嬰假，夫妻倆共同創辦的「陳・祖克柏慈善機構」（Chan Zuckerberg Initiative），也將目標專注在未來教育與醫療發展研究，這是一位父親對其身分轉換的一種「順序調整」。

不少在職場上有企圖心的父母，都很擔心自己的職涯發展因為育兒而延遲。這也許是事實，然而暫時調整並不代表永遠放棄，重新調整、排列順序，符合當下需求，又能讓自己維持在身心愉快的狀態，每一刻才會是「完美演出」。當我不再強求自己時刻「工作至上」，而是順著生命需求的變化而隨時改變重心時，我也才不再總覺得氣喘吁吁，擔心忙不過來，而也終於在打拚多年後，能安排「正常週末」休息了！少賺的財富，我就用自己的快樂與健康補回來。這些歷程也成為我下一個事業階段的重要養分。

三、好好處理負面情緒

除了照顧自己身體，好好吃、好好睡之外，照顧自己的「心」更是重要。我見過許多懷抱夢想與決心做出一番事業的朋友，都敗在自己「心累了」。覺得自己撐不下去，用盡力氣，甚至小地方的失望與挫折，累積不處理變成毒瘤，就算仍在工作崗位上撐著，其實壞情緒與壓力已經開始蔓延周身，影響家人與工作夥伴，當然又回頭來影響自己的心情。嚴重者甚至不小心累積成精神疾病，事業當然也大受影響。

負面情緒最浪費一個人的時間精力。我們無法決定生命中發生的事，但學習怎麼讓自己「由負轉正」是很重要的能力。生氣時怎麼排解？沮喪時誰能給我們打氣？需要喘口氣時有哪裡可以去？如果清楚這些答案，就能在預期之外的狀況發生時，適時給自己「解方」。

這也是在家工作的我比較幸運的地方，因為身邊就是我最親愛的家人，特別是小兒子總能讓我暫時忘卻困難，而專注在大目標上。而我也有幾個祕密基地，可以偶爾逃去躲一下；在需要拉一把時，我會主動敲幾個正能量的家人好友。當然，偶爾來點巧克力和好好睡一覺更有效。

更積極的辦法，是平時就好好強化「心靈免疫系統」，讓自己減少感受到壓力與負面的可能性，讓壞心情不來打擾。在平常就多做自己喜歡的事，多和親友談心聊天，多接觸正面的人事物，這些都能讓人遇到困難時，比較不容易感覺「被打倒」。

四、負起對自己好的責任

你常覺得「忙到失去自我」嗎？很多女性常有在眾多角色間忙到「失去自

我」的感觸。當每天都忙著餵奶和哄睡寶寶，甚至得承擔事業壓力時，我偶爾會覺得「自己」跑到哪去了？

不少全職媽媽以為「出去工作」就能找到自我，然而抱著這樣的心態，多一份工作只會讓自己更忙，而且離開孩子的時間更多，還容易產生罪惡感。也有不少職業婦女覺得「回家帶孩子」就會幸福了。然而抱著這樣的期望，往往也會失望。讓我們覺得「失去自我」的原因並非孩子或工作，甚至不是婚姻或家庭，而是我們沒有捍衛自己，沒把照顧好自己擺第一，才會覺得我們懷念的那個會笑、會玩、可以自由自在的自己，漸漸不見了。

其實，「自己」一直都在，並沒有消失，只是處在我們不怎麼喜歡的狀態。我們所抱怨的「沒有休假和娛樂」、「沒有朋友」、「做好多家務」、「還要帶孩子」、「沒有時間工作」其實都不是真正的痛點，而是感覺這個世界已經很久沒有好好把焦點放在「我」身上。然而該要負起責任的，不是任何人，而是自己。

事情都會過去，真正時刻陪著我們的人，只有自己。每當朋友遇到事業或生活上的大問題，例如：被資遣、失戀、離婚、被倒帳時，我總不忘提醒他們，忙著解決眼前問題的同時，別忘了「好好照顧自己」：好好吃、好好睡，好好重整情緒。當自己狀態欠佳時，主動調整，養成每天主動調回最佳狀態的好習慣。

也許試試提早半個小時起床冥想，或做做運動。對我來說，能夠每天早上第一個起床，煮一杯熱咖啡，配上一本好書，就是我最佳的「校準」妙方了。

斜槓人生心法

- 「主動」調整自己的時間與先後順序，而非「被動」接受犧牲。
- 「好好照顧自己」對現代人來說需要「強制執行」。
- 當狀態欠佳時，主動調整，養成每天主動調回最佳狀態的好習慣。

別讓自己無可取代，但要有「核心競爭力」

以前的我認定自己一定要往「不能被取代」的境界努力。特別是從電腦時代，接著進入網路時代，現在又來到AI時代，若個人的能力可以被機器取代，很容易就會遭到淘汰，這也是現在世界每個角落都看得到的進行式。

然而當我創業後才發現，如果自己「完全」無可取代，竟不全然是件好事！

身為老闆，我當然不會花大把心力聘請什麼人都可以取代他職務的員工，然而如果這名「優秀員工」完全無法取代，只要一請假，公司就一團亂，更別說如果他突然離職，甚至跳槽，就對公司造成重大傷害，這對公司而言，絕對弊大於利。

對這名員工來說，「完全無可取代」也不是什麼好事。試想，只是請幾小時病假，就因為公司沒人能代理他的職務，所以事情還是得等他回來才能做。就因為「完全」無可取代，只能隨時待命、超時工作。所以我只要看到同事什麼事都搶著自己做，我就會提醒對方：「有能力很好，有野心更好，但千萬不要讓自己『完全』無可取代。」

「走不了」的悲哀

不是只有吃人頭路者會遇到這種困境，老闆也是。我父親是一位成功的建築師，他的建築師事務所雖非規模最大，但也是當時業界數一數二的優秀公司。而就如許多老闆一樣，他的公司「沒他不行」！所以幾十年的創業過程，他完全不敢離開公司太久。歐洲旅遊？等退休後再說吧。他原本答應我母親，五十歲之後就要陪她環遊世界，結果，他五十歲時發現自己已是癌症末期，不到一年時間就過世了。身為設計師，那些書本上讀過的美麗建築、歷史古蹟，他全沒親眼看過。

因為父親的例子，讓我深知「無可取代」的苦。我也從當媽媽的過程得到更深刻的體悟。

每位母親或多或少都體會過「走不了」的悲哀。我初為人母時同樣盡心竭力，在「第一個孩子照書養」的嚴格鞭策下，我做足養育孩子的所有細節。當時還為了謀生，大膽創業，真的是給自己「女超人」般的功課，不逼死自己不罷休。然而結果就是，無人能取代媽媽。每次要一個人出門，孩子哭天搶地不說，我從前一天晚上就得要把孩子吃的、喝的、玩的、穿的全準備好，寫了滿滿的交辦清單，離家後還不斷接電話。我當時一點也不覺得這樣有什麼不對，因為我在當一個「好媽媽」呀。

然而幾年時間過去，我發現自己連度個小小的假都難，身心俱疲。如果連自己都照顧不好，又怎麼有餘力照顧所愛的人？

我從當媽的過程中，漸漸學到「放手」與「授權」。我是媽媽，當然很重要，但這個家不能「沒我不行」，否則我永遠沒有休息的一天。當媽媽累壞了，小則斷電幾天，家裡一片混亂，大則媽媽氣壞了罷工，甚至大病一場，全家雞飛狗跳。

無論在職場或家庭，這種「非我不可」的心態也暗藏危機，讓我們勉力增強自己各方面的能力的當下，卻忘了自己的「核心競爭力」。

樣樣都想做，卻什麼也做不好

我有一個婚禮顧問培訓課程出身的學生，主持和控場能力一極棒，又有上進心，利用週末學習影片後製剪輯，還上新娘祕書課程，甚至連攝影都懂一點。新人遇到她當然非常開心，因為她是什麼都能做的「超級婚顧」。

然而，團隊的人卻不是這麼看的。她的客人沒人敢碰，因為她把客人服侍得太好，所以什麼都要求婚顧做，而且要求常常很超過。

「你買紅包袋時『順便』幫我媽買個水好嗎？我媽喝那個法國的牌子喔！」

「這影片還要再改一個小地方（其實她已經免費改了十五次）！」

她完全不能休假，更不可能關機，她也不信任團隊其他人，覺得只有自己才能搞定一切！漸漸的，她愈來愈憔悴，常常生病，也和團隊夥伴有嫌隙，之後就無法繼續待在婚禮界。

其實，如果她不要「通吃」，而是選擇自己的核心專業，並且精益求精，把其他的讓夥伴去做。別人或許做得沒她好，但她不但能因為核心競爭力而提高自己的身價，客戶也不致於把她當「下人」使喚。她能因此過上更有品質的生活，並與其他合作團隊保有更好的互動關係。

我在經營公司時也是一樣，一開始我就清楚自己不可能滿足「全台灣所有新人」的需要，我只需要專注在自己的客群，專心聆聽他們的需求即可。當某些新人覺得我們太貴，另一些人則覺得太便宜；有客戶覺得我們應該做更多，也會有另一些人覺得他們不需要如此完整的服務。想要「通吃」，最後只會削弱公司戰力，什麼都做一點，什麼都想賺一些，卻什麼都抓不牢。

我創業的動機不是要「做大事業」，而是希望保有自由度，讓我陪伴孩子，也能幫助更多需要彈性工作的人（特別是媽媽）擁有這樣的機會。所以我維持小小的辦公室，少少的固定員工，專心做好手上幾件事就好。這讓我有更多的時間精力發展其他可能性。在第一份事業創業七年後，又與好友合作經營電子商務平台。如果我不保有一定的「空間」，只求公司又大又滿，怎麼有餘裕向新的事業領域發展？

離開台灣前，我辦了一場大型宴會，邀請所有公私好友夥伴一同出席。席間，好友問我公司的員工：「凱若這麼喜歡到處跑，現在又要搬到德國，你們不擔心嗎？」

她的回答正中我心：「凱若這些年一直都神隱啊！她很習慣遙控，也很授權，沒問題的。」如果我是個愛刷「存在感」的老闆，最苦的會是自己。

媽媽CEO，專門激勵與整合全家人

相隔十一年後再次當媽，我也與初為人母時不同了，現在我懂得讓自己每天有幾個小時「非媽」時間，做自己喜歡的事，也有餘裕開始經營自己的第三份事業。

這些年來我發現，其實家裡「非媽不可」的事情真的很少，大多是家中成員已經習慣了媽媽會主動做這些事，所以他們喪失了做的能力與意願。常覺得「捨我其誰」，完全無人能取代的阿信型媽媽，往往也覺得自己很可憐，難以打從心裡做好母親的角色。

媽媽的「核心競爭力」，正在於我們最了解家裡每個人的能力與需求，所以應該專注於「激勵」與「整合」的工作，做個「家庭 CEO」。我們與其花所有時間「完成」每件事，不如花精神規劃如何動員家人一起完成。不僅能讓自己輕鬆一點，多出時間經營自我，孩子和老公也更有能力為家庭盡一份心力，何樂而不為？家庭 CEO 的能力，也幫助我在工作上成為不會事事一把抓又時時監控員工的恐怖老闆。

不要追求短暫的「存在感」或「被需要感」，更別希冀自己能吃下所有工作與生意。這些「量」或許在一開始讓你目眩神迷，但一個人的能力與體力有限，專注在自己能做得比別人好且做得愉快的地方，才是長久之計。

讓別人覺得「有你真好」很棒，然而「不能沒有你」這五個字，是我人生中極力避免的。無論在家庭或職場，都可能落入這樣的大坑而不自知，而這兩個地方都是極佳的學習場域，讓我們磨練出一套走遍天下無人能敵的「核心競爭力」！

斜槓人生心法

- 「有你真好」很棒，但要避免「不能沒有你」。
- 專注在自己的「核心競爭力」，學會「放手」與「授權」。
- 別對「存在感」和「被需要感」上癮。

「能者多勞」？其實是「勞者多能」！

這句話，是在我高中的時候說的。我一直很討厭「能者多勞」這四個字。每次別人把爛差事丟給我的時候，就會笑笑說一句「能者多勞咩！」似乎我就應該要開心地雙手迎接。「會得多就比較衰」，這是我從這句話裡頭感受到的壓力與無奈。

從小因為學書法的關係，所以字寫得比較端正，老師總會在每個學期初，要我謄寫很多份全班同學的名冊，學期末也要抄寫全班的成績（那時代老師還沒有使用電腦和印表機……）。我當下覺得很榮譽，每次都很認真抄寫。但後來想想，當同學們都下課爽爽地去玩，我卻得要在教室重複寫每個人的名字，感覺好像「字漂亮」變成了一種懲罰啊！

「因為你做得快啊！」「你做得比較好啊！」這些話也總會出現在中學大學時討論報告的時候，然後就是得到最難的那一章節，或甚至一個人負責整個組上台的口頭呈現。最終呢？說自己什麼都不會的那一個，永遠都是做事情最少的，卻因為其他同學的付出而獲得不錯的成績。我一直覺得這樣的邏輯很奇怪。

能力愈大，責任愈大？

「比較強的，就要為團體犧牲」的觀念讓我很質疑，雖說「能力強」是件好事，但怎麼感覺被「你比較行」這四個字給「勒索」了呢？

原來，我們忽略了一件事。我們搞錯了「能力」與「實作」之間的先後次序。

當大家普遍認為「能力」就好像長相一樣，某些人就是「天賦異稟」，那當然這些人得之容易，給之也應該容易。我們輕忽了這些人「習得能力」的辛苦過程，單純認為這些事情對對方輕而易舉。例如，老師認為我寫字「就是漂亮」，然而旁人沒有看到的是，我從七八歲起就每天練字一小時，有時甚至更久。他們更沒看到，我的母親從我拿筆開始就多認真看待我每一次寫字，除了要求整齊之外，還要求美學。

每回老師把乾淨新穎的表單交到我手上，我就像是被賦予一個神聖的使命般。當時沒有「立可白」這種東西，我每個字都得要寫得正確，寫得工整，寫得美觀。我享受在這過程中的「神聖感」，更在裡頭得到了許多樂趣。我在這其中學到的不只是寫同學的名字，還包括怎麼安排工作，怎麼確保工作的內容正確無誤，也學到「有效率的方式就是慢慢寫正確」，以及書寫的美學。對於一個小二小三的孩子來說，這些是多珍貴的學習內容。

然而，全班只有我一個人，體會過這樣的感受，只有我一個人被訓練了40×5次，外加一年兩個學期。對老師來說，找一個寫字漂亮的學生來謄寫文件，自然是省時省力的方式，但何不讓所有的學生都練習二十遍自己的名字，然後在正式文件上要求孩子們把自己的名字寫得又整齊又好呢？

習慣讓別人出頭

「你做起來應該很簡單吧？所以你來做！」這句話我聽了四十年。

不只在學校，出了社會，甚至當了老闆，與創業夥伴之間也是相同的情形。「你打電話溝通比較厲害，你來打」「你比較會處理奧客，你去跟他說」「你對這種企畫案比較擅長，你來負責！」「你上台不會怕，我會，你幫我講吧！」……這些例子三天三夜也說不完。

我真的比較會溝通嗎？不是，是因為我常常在溝通。

我比較會處理奧客嗎？不是，是因為大家都丟給我。

我比較擅長企畫嗎？不是，因為我已經寫同款企畫案N次了，架構都相似啊！

我上台不會剉嗎？不是，每次都是緊張得要命啊！但硬著頭皮上的次數多了，自然也就比較能呼吸了。

結果就是，因為重複的練習，所以原本已經在行的事情，又變得更強了。接著又因此自然而然「得」要多做一些，多承擔一些，又變得更強大了！那不會的人呢？就永遠不會。

然而我相信：所有的能力，都是「學」來的。這意思是，雖然每人的智力或基本能力稍微有些差異，但任何人只要努力，只要「刻意練習」，都可以達到一定程度的能力。只是有些人已經習以為常這樣的「學習曲線」，而有些人習以為常讓別人代勞。

我曾經帶過一個由媽媽組成的工作團隊，她們主要協助會議進行的幕後工作，有些人負責收票，有些人負責簽到，有些則擔任主持人的暖場角色。她們的能力都很強，但普遍有種「哎呀妳比我強多了」的思維與習慣，總把事情（特別是需要在人前說話的工作）推給團隊中某幾位「看起來很厲害」的成員來完成，自己永遠做同樣的工作，而且選擇的工作難度遠低於自己的能力。

她們總是很「無私」地讚美與鼓勵被推出去的隊友，強調自己「在幕後就好」。事實上，她們並不是不行，而是「習慣讓別人出頭」。以整體來看，似乎任務也仍舊完成了，大家各司其職沒什麼不好，但這樣也讓整個團隊難以成長。

我直言：「這樣是不行的！大家至少都要有輪替工作的機會。」長期重複同樣的工作的確會讓人「駕輕就熟」，但也有很多缺點。例如：無法理解其他工作夥伴的工作內容，當臨時有需要補位的時候就會非常混亂；總用同種方式做事，也無法思考更好的工作模式；總是做遠低於自己能力的工作，不只無趣，更沒有成長。對我而言，一個「成長型團隊」，比「做對事團隊」還要來得有價值。

我要求她們每個月輪替一次角色，不要重複。輪完一遍之後，請她們分享這段日子的心得。她們發現自己面對每週一次的固定會議更有衝勁了！不再覺得「又來了」，而是「這次皮要繃緊一點啊！」而且因為參與自己不熟悉的工作內容，事前準備和事後討論也變多了，團隊之間的「補位」也做得更好。更重要的是，她們的「自信」提升了很多！原來那看似有點困難的工作，只是因為「沒做過」而已啊！

我們每個人都有「特長」，當然要多多發揮，不能總是輕易放過自己。這是為了整個團隊要開枝散葉做準備！我們也因為這批「種子人馬」，在短短半年之內就在各個不同城市開始了新的每週固定會議。如果他們不願意「擴張自己」，團隊的工作也不可能往外擴張。

找團隊中「最會」的人來做，或許短暫得到了好的表現，然而對團隊整體的能力來說，並沒有提升。因為「能者多勞」的環境，只讓「勞者」更強，「不勞者」更弱。這時，我們需要的是一個「勞者多能」的環境！

建立一個「勞者多能」的環境與文化

身為母親與身為老闆一個不同之處，就是母親看的是「孩子」長遠的能力與發展，而老闆看的是公司的績效，事業的成敗。

當用母親的心去看孩子，我會希望他們歷經一萬個小時的練習，把所有重要的事情都能做得妥當。我不會因為「別人做得比較好」所以就要我的孩子不需要學，更不會因為她某方面比較弱，就請別人「頂替」。想想看，如果孩子數學不會寫，我們總不會說：「沒關係，隔壁王同學很會啊！他『能者多勞』幫你多寫一份作業不是很好嗎？」我們會十分專注在提升「個別孩子」的能力上，告訴他「練習就能進步」，不是嗎？

但當我們忘卻了「母親之心」，不專注在每一個孩子的成長時，有時父母親也會「現實」了起來，讓手足間「比較強」的那位總是多 cover 另一位的，或者希望在學校的環境中，較強的孩子永遠要幫助較弱的。我們稱之為「社會化」的過程，卻變成了「菁英永遠是菁英」的M型小型社會。

在女兒身上的一個例子，讓我看見師長不同的「思維」如何影響學生，也看到一個團體中，這樣的思維如何影響「團隊凝聚力」。

練習，讓你變得更強

女兒一向都是運動健將，在台灣讀書的時候，就常因為人高馬大又身手矯健，所以破格入選高年級的田徑隊，參加校際的活動。在她們學校裡的方式，就是把運動強的孩子們集合起來成為一個班，密集訓練這些人，然後派他們代表學校去競賽。對這群孩子來說，「為校爭光」是極大的使命，他們原本就有比較強的運動能力，加上額外時間的練習，當然就是強中之強了！女兒感覺到這種「榮譽」，卻不喜歡這種「為比賽而上學」的壓力。所以當她有資格去參加「體育班」的徵選時，她選擇放棄了，而我尊重她的選擇。

她轉學到德國後，在老師鼓勵之下參加了籃球校隊，她感受到完全不一樣的「校隊」氛圍。這邊的同學是自由參加各項球隊，幾週之後甄選正式一軍參加比賽。但他們不是「最強的」入選，還包括是否對該項運動有高度興趣與承諾（對於一軍，教練會要求練習的出席率），以及團隊精神。接連幾次不同運動的甄選，女兒這個沒碰過排球、足球的「菜鳥」都入選了，原因不是因為她原本的能力，而是因為她「願意學習」。

當她對排球教練說：「我從來沒玩過排球」時，教練告訴她：「在這邊的每個人都是從『沒玩過排球』的那一天開始學起啊！」教練強調「重點不在你們現在的能力，而在你們未來能有多強！」這想法讓她充滿幹勁！

聽到女兒分享這句話，我突然理解為什麼她的球技能夠進步這麼快。過去，她認為自己「有運動細胞」，「天生」就比較強，所以她自然成為校隊。接著練習得更強，為校爭光出去比賽。這樣的想法讓她雖然覺得「被肯定」，但卻失去了激情與學習的動機。這就像我當時重複繕寫全班名字的心情一樣。「能者多勞」會給人榮譽感，卻無法給人前進的動力。

而當老師用不同方式來「帶隊」，強調「學習」與「訓練」，而非每位球員原本的程度。這激發了整個球隊十分認真投入培訓，並不只為了「校譽」，他們十分享受在學習過程中「從不會到會」的闖關享受。這就像我小小六、七歲的年紀，願意坐在畫室裡，獨自一個人重複用不同的顏料畫著同樣的色塊，或者十歲的我，在書法教室花上兩個小時，就為了把一個字給寫好。Practice makes perfect！這種「練習可以讓你變得更強」的文化，給人的成長是更深的！

有了這樣的印證，我更相信在團隊的凝聚上，創造一個「勞者便多能」的價值觀是十分重要的。如果我們只挑選「菁英」來重複做他們本來就在行的事，不會的人永遠不會，而會的人，或許變得更強，但也或許會覺得無趣而失去了成長的動力。讓「普通人」透過刻意學習，都能整體提升自己的能力，那麼「團隊一起學」的動力，肯定比單兵提升戰力還來得強大。

讓一個能力「起點」平凡的人，相信自己可以透過學習而成為「達人」，比起要找到一個原本就是高手的夥伴，來得機率高多了！所以千萬不要迷信找到什麼「大老鷹」來讓團隊高飛。我一向相信，三個臭皮匠絕對不只勝過一個諸葛亮，因為三個臭皮匠會讓另外三十個普通人都相信自己能夠做到！

而我們自己也絕對要相信，每天投資自己一個小時，持續執行，絕對能夠習得我們過去覺得十分困難的能力。就算是學會微笑，學會寫簡報，學一個語言，一項程式，一種運動……，任何一個小能力都是從第一次什麼都不會開始，接著重複無數次的練習與調整而成就的。

與其期待「能者多勞」，不如篤信「勞者便會多能」！

斜槓人生心法

- 重點不在你們現在的能力，而在你們未來能有多強！
- 「能者多勞」的環境，只讓「勞者」更強，「不勞者」更弱。我們需要的是一個「勞者多能」的環境！
- 團隊一起成長，戰力更強大。

Part 4

溫柔，最是強大

醜話說前頭，開心在後頭

前陣子我和一位已是多年資深主管的好友聊天，最近他每天上班的心情都像未爆的火山一樣，一肚子火不知該不該爆發。起因是部門中有名成員總是試探他的底線，毫不遮掩與公司的競爭對手互動頻繁，甚至用私人名義幫對方宣傳。但由於工作合約並沒有明訂規範，令他指責也不是、放任也不是。

「歃血為盟」不浪漫，背後暗藏殺傷力

這種狀況不只發生在公司內部，在合作夥伴之間也時有所聞。

創業初期，我所有的合作夥伴都是透過朋友圈找尋或引薦，沒有經驗加上天性浪漫，常常彼此「相談甚歡」就決定合作，感覺像古裝劇裡「歃血為盟」，滴血結義又握手，兩人就此成為最佳戰友。

這樣的合作方式，諸事順利時都沒問題，但當對方「出包」了，還裝做什麼都不知道，甚至落井下石、搞失蹤、裝病、裝死……，這些在電影才看得到的情節，我竟然都遇過。一向笑臉迎人的我，有時還真氣自己做人太客氣。

婚禮顧問服務的是新人一生一次的婚禮，公司損失事小，如果讓新人的大喜之日有了遺憾，對我來說簡直不能接受。不管是自己公司內部的夥伴，或者外部的合作廠商，如果沒有這樣的共識，就會像不定時炸彈般，大家在合作愉快時都是好麻吉，遇到大雷雨了就各自鳥獸散，還互踩對方痛處，這絕對不是良好的互動模式。

然而，我該怎麼辦呢？雖然「原則」重要，但輕鬆愉快的工作環境、溫暖自

在的人際互動，也同樣重要啊！我更不希望自己變成冷酷又過度自我保護的臭臉老闆。

約法三章的巨大威力

在工作上遇到這類挑戰的同時，我在家中也遇到女兒猛踩我的底線。

當孩子開始有自己的意見，甚至喜歡偶爾搞點小破壞，來觀察爸媽生氣的反應時，孩子內心的「小惡魔」出現比例就愈高。每天我都得說幾十遍「不可以」，愈講火氣愈大，一方面對家中的調皮鬼生氣，另一方面又對自己「負面教養」的模式感到緊張。我總希望自己是個溫柔又有力量的母親，而不是每天只能罵孩子，卻束手無策。

有一次，我需要在假日見客戶，卻沒人能幫我照顧四歲的女兒，我只好帶著小孩去工作。最讓我擔心的不是能不能接下案子，而是女兒能否在這兩小時好好配合。

我決定與她「約法三章」，先謝謝她願意陪我在假日工作，所以我會買一組小型樂高玩具組給她，她則需要在這兩小時內，坐在我旁邊玩樂高或畫畫，讓我和叔叔阿姨開會。如果她能做到，會議結束後，我們還可以一起去吃冰淇淋和去公園玩；如果她無法配合，那就什麼都沒有，而且晚上回家也不能看卡通。

沒想到女兒對這樣的「約法三章」很有興趣，雖然開會過程中，她仍會偶爾「未舉手先發言」，但只要我提到「冰淇淋」三個字，她就笑著意會過來，繼續玩自己的玩具。

女兒的完美配合，讓我順利接下婚禮案子，甚至接下來幾次與這對新人開會前，他們還頻頻問我：「你女兒要不要一起來？」

我從這次意外經驗發現，與其在搗蛋的女兒後面追著說「不」，還不如讓她清楚知道如何配合的種種條件與規範。若父母希望與孩子冷靜又溫柔的互動，就更需要「先把醜話講清楚」，設下彼此合作的規則。

而當女兒真的「毀約」時，我也不需動怒，就照約定的規則來，因為這是她自己的選擇。

當孩子清楚知道可以選擇與父母配合，我們都能從相處經驗中得到好處。幾次之後，女兒非常清楚媽媽的底線，也知道自己是有選擇權的。而媽媽我臉上的笑容也更多了。

甚至當我們與其他家庭一起用餐，當時才七八歲的女兒，還會這樣「約法三章」邀同桌孩子一起「表現良好」。我聽到她說：「我們都坐在位子上，把飯吃完，等一下大人就會很開心，讓我們吃甜點和出去玩喔！」看著一幫孩子跟著這個小小孩子王開心用餐，真的很有趣。

孩子更大時，「約法三章」更有效力，也更具互動性。不再只有單方面提出要求，而是雙方都同意，約定才能算數。孩子在過程中也學到「付出代價」，會好好思考自己說出的每個承諾，並且學習「履行合約」。

合作不論大小，合約都要簽好

我從教養孩子的經驗學到，想要有愉快輕鬆的合作氣氛，就得「醜話說前頭」。

清楚彼此的原則與界線，孩子就會知道，怎麼耍賴都沒用，因為規矩就是規矩；合作對象／廠商就會明白，無論交情多好，不能跨越的界線就在那裡，不要輕易違約，以身試法。雙方都謹守隱形卻堅韌的約定，許多不必要的紛爭與糾葛自然就消失了。

後來我學到，無論大小合作都要簽訂合約，而且要把最糟的狀況，以及彼此的責任義務說清楚講明白。甚至，包括婚禮現場同仁的服裝儀容，都需要確認與注明清楚，誰知道對方對於「正式服裝」的定義，是否與我們相同？

婚禮顧問在當時是門新興行業，我沒有任何合約範本可以參考，只能親手一字一句打出來，再三斟酌，甚至請親友幫忙想「狀況題」來補強，也請懂法律的朋友協助審閱。一邊執行，一邊調整，逐年將合約規範整理得更完善，也更符合雙方合作的權利義務現況。工程實在浩大，但卻很值得。

就連長期合作的夥伴，我也全盤重新思考合作細節，哪些曾經讓我們彼此覺得不足的地方，都在擬定正式契約的過程中討論清楚、一一確認，白紙黑字寫明白。在一來一往的討論過程中，或許會讓彼此有些不舒服，但雙方對於合作的期待與規範一旦確立，就不需要每次都花這麼多時間溝通。

在婚禮業界十多年，我當然也有許多早已超越「合作廠商」情誼的老朋友，當我對他們提出要簽合約時，一開始難免尷尬。畢竟多年合作下來，都是一通電話就搞定，有不少廠商甚至沒有簽合約的習慣，我也趁機好好「機會教育」一番。正因有許多糾紛都來自「口頭約定」，如果能預先討論清楚細節，之後因「定義不同」而產生誤會或糾紛的機率就能大幅減少。

在我「醜話說前頭」，與合作對象一條條檢視且簽訂合約後，神奇的事情發生了。我再也沒有遇過離奇的電影情節，臉上的線條也放鬆柔和許多。有一紙合約在手，保障雙方照著規矩走，我就能繼續當個笑臉迎人的溫暖老闆。

不少朋友創業之初都是從接案開始，覺得口頭講好完成時間和金額，這樣就好了。然而，如果進度延遲了呢？如果完成工作，對方不付款呢？如果案子臨時取消呢？如果對方跑了呢？以上狀況絕對有可能發生，往往你愈覺得妥當的情形，愈容易節外生枝。而「照著合約走」就是最好的解方。

原來，要當個「溫柔優雅的媽媽」與「微笑 CEO」的關鍵都相同：醜話說前頭，就能一起開心在後頭。

斜槓人生心法

- 對於工作夥伴，無論合作多久、交情多好，「照著合約走」才是最佳解方。
- 「溫柔優雅的媽媽」與「微笑CEO」的關鍵在於——醜話說前頭。

溫柔，是最強大的力量

自從我開設臉書粉絲專頁之後，收到不少次媽媽讀者私訊告訴我：「凱若，妳真是溫柔。」我在螢幕前臉紅之餘，都會誠實以告：「事實上，我離溫柔很遠，但一直在不斷努力中。」

現在的我比起剛當媽媽時的我，算得上離溫柔比較近了，而且一年比一年進步。然而，我當上母親之前認識的朋友，絕不會用「溫柔」二字來形容我。

我中學與大學時代的友人，一提起我，大部分都想到「精明能幹」與「女強人」的強悍形象，身旁的人也一直苦於我難以改變的強硬派個性。又因為我從小就是師長眼中一路過關斬將的好學生，我也總是急於看到成果，對我認為「笨」的人事物沒有耐性。這種藏得很深的驕傲，也讓我總是團體中的一匹郊狼，是個能力傑出的領導者，但絕非體貼溫柔。

差點傷了最親愛的人

創業之初，也是我初為人母之時，我仍是這副臭脾氣。我想要的結果，立即就要達到，完全不能忍受延遲或錯誤；刻意讓自己「聆聽」，然而內心卻總是急著結束對話。

還記得一開始接案，我什麼都不懂，所有事都是做中學，當然整個服務團隊也是。我好幾次在婚禮現場沒旁人看見的地方，對著夥伴大吼，還摔壞過不少手機。這種心焦的求好心切，並沒有讓事情進行得比較順利，反而增加不少現場壓力。我體會到這點，所以努力修掉外在的稜角，但內心仍舊時感急躁與憤怒，「溫柔」離我實在遙遠。

真正讓我想要改變的，不是工作的挫敗。在人前，我還能努力撐起專業形象，然而自從當了媽媽之後，女兒與我的關係，血淋淋的相處經驗，讓我看到自己內在的缺陷，也讓我下定決心改變，體會「溫柔」的真正涵義與強大的力量。

女兒從小愛吃又愛動，就是不愛睡覺。親餵母奶的我，每夜要起來很多次，而且感覺她永遠吃不夠，也永遠不會累。還要工作的我真的沒那麼多的精力，幾個月下來，我極度疲憊，好勝心強又覺得顧此失彼，加上荷爾蒙變化，情緒十分不穩定。

有一次，我已經花了一小時哄她睡，女兒仍只是想吸吮，不想睡覺。折騰這麼久，還有一堆公事、家事等著我去做，我忍耐多時的情緒一下子爆發出來，將她重重的往床上一放，還好當時的我還保有一絲理智，不然差點就把手中六個月大的女兒丟到地上！

我被失控的情緒嚇壞了，女兒當然也是，兩個人一起號啕大哭起來。我告訴自己：「我絕對不能再這樣！我要保護女兒，而不是傷害她。」我也才意識到，原來我以為「這就是我」的個性，對另一個人可能造成難以挽回的殺傷力。

我也發現自己在職場上的求好心切，並沒有為我帶來更多快樂，當然對合作夥伴也是。

當我嚴厲闡述自己的想法、大聲咆哮哪裡沒做好時，對他們來說根本看不見應該改正的地方，只看到一個失控的老闆。

我當然可以安慰自己：很多老闆都是這樣。但我為什麼要跟「大部分的老闆」一樣？雖然沒見過太多溫柔的老闆，也沒遇見太多溫柔的母親，我仍決定要努力改變自己。

溫柔不是個性，是決定與習慣

從那之後，我下定決心要讓孩子聽到媽媽溫柔的聲音，看到媽媽微笑的臉，而非只記得媽媽失控的那一面。這一路走來，練習做個溫柔的人並不容易。

一開始，就像是從來沒有做過重量訓練的人，每天都得上健身房鍛鍊自己最弱的那一塊肌肉，那真是鎮日的疼痛！想飆出來的氣話，得要吞；要揮下去的手，得要收；從常常需要深呼吸，還跑進廁所躲起來平息怒氣，到能夠抱著孩子安穩溝通。每一天，都是試煉；每一天，都在練習。而每一天，我也看到自己的改變，不只在家裡，也在工作上看見練習的成果。

以下是我每日的溫柔功課：

首先，要練習溫柔得先練習「安靜」。並不是話說太多就是不溫柔（到現在我仍是個話很多的人），而是某些時刻，只要閉上嘴不說話，就是一種溫柔。

我的工作常會遇上很多情緒失控的新娘，而大多數時刻，我無法在實質上幫助她處理引發情緒的人事物，因為那多半是她的家人朋友，以及她自己對婚禮的高度期望。我能做的，就是與我女兒在學校遇到不開心的事一樣：坐在她身邊，摟著她的肩膀，靜靜陪伴。

有時我也要面對言詞尖銳、向我抱怨的客戶或夥伴，我若多做解釋，並不會讓事情好轉。倒不如省下力氣，靜靜聆聽，不但省去很多爭辯的時間，也為彼此留下餘地，日後再找機會重修舊好。當我放下了「對方故意惹我生氣」「他造成我好大麻煩」這些「我執」的想法，而願意靜下心聆聽或觀察，對方這樣說、那樣做是為什麼，才會發現很多時候，人沒有我想像的那麼壞，也不是總要衝著我來。

最棘手的案子，都會落到老闆頭上

我們公司曾收過嚴重的客訴，這對新人是住在國外的台灣準夫妻，雖然不是在五星級飯店宴客，但他們對婚禮細節非常有想法，也希望處處呈現五星級的效果。然而理想與現實之間，總有許多拉鋸與妥協。從一開始溝通，我們就知道這不會是容易的案子。最害怕的事情還是發生了！

因為新人希望現場有雙螢幕同時投影，負責的同仁評估之後，發現依現場動線安排，是不可能達成的。她必須跟新人說「不」的同時，又剛好遇上印好的喜帖出錯。新人認為公司應該幫他們看出地址有誤，但同仁已請新人親自校對過，而我們不可能知道台灣每條路名的正確寫法。總之，雙方各執一詞，大家都一肚子苦水，而新人的喜帖再過幾天就必須寄出，時間的壓力加上彼此的不滿情緒，新人都要隔海翻桌了。

小公司老闆的重要工作之一，就是最棘手的案子都會落到老闆頭上，這次當然也不例外。我親上火線處理，當然也可以選邊站，決定是要罵員工還是飆客戶，然而這兩種都不是最好的選擇。若是過去的我，大概是先翻桌的那一個，無論是把員工罵哭罵走，或者把「奧客」趕跑，這些事我都做過。但這次的事件發生在我創業五年之後，而我也當了五年的母親，溫柔為我化解了眼前棘手的困境。

我花了很多個小時，分別聆聽夥伴和新人各自說完想講的話。他們早已對對方大感不滿，當找到對象開罵和抱怨時，雙方都火力全開。而「媽媽的溫柔優勢」正好派上用場，如果我可以聽一個小孩尖叫狂吼「不要、不要、不要！」一整天，或者聽一個晚上青少年同學之間莫名其妙的青春肥皂劇碼，那麼閉上嘴，聽成年人抱怨個幾小時，其實還在我可以忍受的範圍之內。

從他們情緒化的抱怨之中，我也看到了很多公司可以調整的做法。我清楚知道，他們不是故意整我，只是沒得到理解和幫助，就跟我那哭鬧的孩子一樣。

用溫柔的心，化解客戶咆哮

終於聽完兩邊陳述後，我對他們都這麼說：「謝謝你告訴我這麼多，我很感謝你對我的信任。我們來看看怎麼解決，給我一天的時間，我提出幾個方案來試試看。」一人被理解了，情緒也更容易放下了，其實事情都算好解決。

我親自打給印刷廠商，請他們看在合作多回的面子上，幫忙重印喜帖。合作廠商很阿莎力的說他們只收半價，我也願意自己吸收另一半。新人聽到了，覺得有點不好意思，畢竟他們自己也校過稿，所以他們願意付一半的一半。最後我只付了幾千塊錢，就解決喜帖的問題，並準時寄出。

至於雙螢幕投影問題，我打給熟識的五星級飯店專業音控音響設備高手，請他喝杯咖啡，並到現場幫我評估看看，沒想到高手既出，立馬搞定！新人只需多租一條特別規格的連接線，就可以做到他們想要的效果。

新人在婚禮結束後寫信給我，不只是感謝婚禮圓滿完成，還與我熱切分享那通電話給予他們的感動。原來，他們原本已要上網po文抱怨我們公司，也打算換一家婚禮顧問，但因為我當天願意花整整三小時，就聽他們說話，沒有多做解釋，也沒有推卸責任。他們在驚訝之餘，決定繼續與我們合作，正因為那通電話讓他們感受到「像母親一樣的溫柔」。

用「心的耳朵」聆聽

雖然不是每一位母親都天性溫柔，至少我就不是；我到現在仍舊個性大剌剌，有話直說，但當眼前的對象需要同理與聆聽時，我的「溫柔媽媽心」就會自然啟動，並用「心的耳朵」來理解對方的心聲，做出適切反應。

這也是為什麼一些重視服務的公司，喜歡任用媽媽擔任客服職位或市場行銷部門主管。因為「媽媽」不只了解「媽媽」，還願意主動理解任何對象，只因為我們溫柔又用心。台灣知名幸福企業「486團購」，更是大量聘請兼職媽媽，不只幫助這些媽媽能有自己的一片天，更幫助企業做好更細緻的服務。這樣的雙贏何樂而不為呢？

溫柔看似柔弱，卻是能支撐所有人心靈的強大力量。溫柔可以化解爭端，讓人破涕為笑，比起動不動張牙舞爪、劍拔弩張，來得有效多了。而像媽媽一樣的溫柔，更是人與人之間最需要的潤滑劑。

斜槓人生心法

- 溫柔不是個性，需要刻意練習。
- 有時候「安靜」，閉上嘴不說話，就是一種溫柔。
- 人被理解了，情緒便容易放下，事情也就好解決。

我的溝通祕技：先連結關係，再引導對話

兒子的托兒所前陣子換了一位新行政主管。她相貌姣好，表達能力強，可以清楚看出為什麼年紀輕輕，就能被授予管理一間分院的重責大任。

由於托兒所剛落成，諸多細節一直還沒到位，我們這群關心孩子的家長也很期待「新官上任三把火」，能盡早解決托兒所延宕多時的硬體與人事問題。

然而一個月後，這些問題非但沒有解決，反而更嚴重了。因為「三把火」

燒得太旺，她原本想改革的一番好意，卻因為得罪了不少家長老師，弄得不少人「為了反對她而反對」，遲遲無法達成共識。

在一次家長會議中，大家整整一小時壁壘分明的闡述己見，卻像是一條條平行線，完全沒有交集。我終於決定舉手發言。

按捺情緒暴走的大人，就像安撫抓狂尖叫的幼兒

我先感謝新主管這段時間的努力，把她希望做到的事，用家長聽得下去的方式重說一遍。這時，我終於看到整場會議都十分緊繃的她，眼眶泛淚，露出一抹微笑。

接著我站在家長立場，溫柔但直接傳達我們的心聲。家長其實只希望孩子能在托兒所待得安心也開心。我們身為父母，必須捍衛孩子身處安定環境的權利，這也是為什麼我們會有情緒，並且立場堅定。

雙方的心情都受到「同理」之後，卸下身上的盔甲，才有可能好好溝通。

最後我說：「慶幸的是，我們都很有心想做好各自的角色。所以，我們來想想怎麼幫助彼此達成目標，好嗎？」

我並沒有提出新的意見，也沒有代表大家做出結論，只是把雙方的「心裡話」說出來。短短幾分鐘，彷彿剛才的一個小時歸零，溝通正式開始。很快的在接下來半小時內就達成共識，彼此擁抱說再見。

會後一位媽媽對我說：「多虧有妳，否則這場會議大概吵三小時都無法落幕。」她把這歸功於我是創業主，時常遇上溝通危機得處理。然而我心想，這倒要多虧我十多年當媽媽的經驗。

這十四年來我既要工作又要帶孩子，角色雖然在不同場域間切換，內在卻常常修練同一門功課。

在工作上，我要面對因婚禮細節多如牛毛而瀕臨崩潰的新人，為他們排解並整合親友的不同意見；回到家裡，我也要應付愛說「不」的女兒，安撫她的情緒，達成共識。要按捺這些情緒高漲的大小朋友，還得讓事情有好的結果，曾經讓我非常苦惱。但一次與女兒的溝通中，讓我學到什麼才是「真正」的溝通，更改變了我與所有人互動的方式。

你是來搶我東西，還是來幫我的？

兩歲大的孩子已頗有主見，但語言能力有限，雖然能講上幾句話，但不一定能清楚表達內心感受。

有一次，我看到女兒想打開一個玻璃罐，直覺這很危險，就嚴正說「不」，立刻伸手拿走她手中的罐子。這讓她更生氣也更緊張了，她用盡力氣和我搶玻璃罐，結果手一滑，罐子掉在地上破了。

見到滿地碎片，兩歲的她整個情緒崩潰。平常還算講理的女兒，無法平靜下來，躺在地上大哭大叫。

我竟把她內心的小惡魔給激發出來。看著她瘋狂的模樣，我也嚇到了。

我心想：「她想開罐子，為什麼不教她、幫她呢？」如果當時，我不是第一時間先伸手制止，而是問她：「你想開罐子嗎？玻璃罐容易破，媽媽幫你一起開好嗎？」女兒的反應是否會大不同？

我赫然發現，自己在當媽媽和面對客戶時，常犯同樣的錯，那就是我忽略了「先連結，再溝通」的順序。

無論工作或教養，我總有「我覺得最好」的方式，「我比較專業」或「我是你媽」的想法，早已先入為主植入大腦。當意見不同時，我急於希望對方接受我的好方法，卻忽略了先停下來聆聽與理解對方究竟想要什麼，糾結在哪，而我能夠給予什麼樣的解方。

想當然爾，我接收到的就是對方的抗拒，這抗拒並非針對我而來，而是人面對「不被理解」時的直覺本能反應。

當孩子第一時間看到我搶奪她的東西，聽到我大聲說「不」，第一反應自然是「自我保護」，握緊手中的玻璃罐，死不放手。當顧客用帶著情緒的話語表達「就是想要這個」，卻一直聽到「另一個更好」，火氣自然更大了。

這時的他們更期望感受到的是：眼前這個人是來幫我的，我們是同一國的人，是一起來想出解決方案的隊友。

理性溝通前，先對上頻道

職場與家庭中的失敗溝通，多半是因為彼此太想把自己的意見放進對方腦子裡。然而就如同收音機若是沒對上頻道，只會聽到一堆雜音，讓人耳朵不舒服。

我從兩歲女兒的溝通經驗中體認到「先連結，再溝通」。先與對方的頻道對上了，讓對方感覺被了解，之後再用他能理解的方式，將自己的想法闡述清楚，達成共識。這才是真正有來有往的溝通，也才真正有效。

與其先把自己準備的「主菜」端出來，倒不如先放下身段，耐心詢問，好好聆聽。等對方「開胃」了，再來清楚闡釋自己的意見。甚至在聆聽的過程中，問題就早已被解決了。

「你懂我」這樣的信任關係一旦建立，就算意見大不同，也不容易全盤皆毀。千萬不要等到溝通「重要大事」時，才急忙想建立信任與正面互動，那時多半來不及了。平時每一次見面，每一次互動，就要把對彼此的理解一點一滴存進「感情戶頭」。當遇到大事需要嚴肅溝通時，由於平時兩人就有不少「存款」，所以從戶頭裡提一點出來應急，就不致於翻桌破局。

對子女，每日的親吻擁抱，放學後的問候聆聽，都是累積「感情戶頭」存款的好方式。

「在『教』之前先『聽』，」是我時常提醒自己的話。我們總有太多希望孩子「更好」的地方要提醒，但不需要每次說，也不需要總是叨念。唯有「聆聽」是需要時時刻刻做到的，哪天孩子長大甚至離家，這些兒時互動經驗就是穩固的基石，讓他們對這份親子關係存在強大的信任感。

讓人感到你真心想幫忙

在工作上，我從創業之初就有親手寫卡片給客戶的習慣。在通訊軟體還沒那麼流行的十多年前，我第一次見到客戶之後，會馬上寫封卡片，謝謝他們願意與我碰面，給我機會服務他們。婚宴當天，我常準備一份結婚小禮物和手寫卡片，再次謝謝他們。

與客戶的互動過程裡，我努力做到「多問少說」，仔細觀察他們彼此與家人朋友的關係模式，用我的專業，努力協助所有人賓主盡歡，甚至注意到他們自己都沒想到的「眉角」。因為我真心希望完成他們的夢想，而非我的。

當客戶感受到我是「真心來幫忙的」，自然容易聽取我的意見，盡快達成共識。

許多同事們覺得「難搞」的新人與家庭，交到我手上卻變成「年度最佳客戶」，祕訣無他，「理解」而已。人是感覺的動物，有了信任的連結，後面要溝通任何事都變得簡單許多。

身為媽媽，「問問題後，安靜聆聽」是每日的習慣，這點運用在職場上，讓我勝任愉快，也讓別人能與我愉快的共事。這是孩子給我這個「媽媽 CEO」的教育培訓。

斜槓人生心法

- 先連結情感，再理性溝通。
- 平時每一次見面，每一次互動，就要將彼此的理解一點一滴存進「感情戶頭」，建立「你懂我」的信任關係。
- 多問少說，同理他人，讓人感到你是真心想幫忙。

話少點，多提問

相信職場人士多少都參加過「主管一言堂」會議。我不時也看到朋友在臉書上抱怨老闆話太多，甚至無限輪迴，延遲下班，還沒有加班費。就算我身為「躺著也中槍」的老闆，但也認同老闆或主管真該學著少說一點。

我們多半以為，掌握說話權的就是領袖。然而，錯把「讓別人聽你講話」當作擁有權力的表現，只會失去民心。「讓別人聽你講話」流為字面上的意思，以為部屬坐在會議室不發一語的「聽」，就代表「我在領導團隊」，殊不知會議室裡大家的思緒可能早已飄到外太空。甚至在多年會議歷練中，練就「眼睛睜著睡覺」的功力。而老闆卻毫不知情。

別當強迫放送的廣播電台

我懷第一胎時，為了當好母親角色，做了許多功課與準備。除了看書，我甚至寫下自己「絕不要對孩子做的事」，列出我從小到大最不想遇到的大人言行，其中就包含「一直碎唸」和「總要小孩安靜聽話」。

但當女兒愈來愈會表達意見，也更有反抗意識時，我卻發現自己的反應，也不過就是另一個「大人」翻版。去做這、去做那、為什麼不這樣、應該要那樣……。我每天像個「廣播電台」不斷放送，講到我自己都覺得煩，但怎麼還是停不下來？因為孩子仍舊沒有改變啊！我只好繼續唸下去。

「碎唸」真的很累人，在公司碎唸公事，回家又要碎唸孩子。有好幾次我真的按捺不住，碎唸變成了狂吼，這才驚覺事態嚴重，我怎麼不知不覺變成了自己最討厭的「大人」和「老闆」？

有一次，我正在叨唸女兒「玩完玩具要收啊！地上又是一堆玩具，這樣走路會跌倒……」一直安靜聽我訓話的女兒，突然說話了：「媽，我正要去收玩具，但你已經開始講了。你怎麼知道我不會收？」

我看著那張委屈的小臉，心想：「真的是我不講，她就不會收嗎？」答案或許一半一半，但當我認定「說出指令」才有效，我每日就只會不斷下指令，卻完全不知道女兒腦袋裡的想法，也不知道她究竟聽懂多少。

我把媽媽的角色設定為「帶頭的」，把老闆的角色設定為「下指令的」，只期望周遭所有人都聽話照做。其實我從沒真正理解他們的能力到哪，有何想法，結果就是台上的人「自嗨」，台下的人放空或心生反感。

不討人喜歡又毫無效果的言行，為何一再重複出現？原來多數人都誤認為「說話的就是老大」，以為掌握了「碎唸」與「下指令」的權力，就代表掌握了實權。殊不知事實恰好相反。

女兒的回話適時點醒了我，之後我立刻改變做法，不再先下指令，而是先

「問」：「你現在玩完了。接下來我們該做什麼？」
女兒轉頭對我笑笑說：「收玩具！」
原來女兒真的都知道。
我接著說：「好，我們一起收。收完了想做什麼？」
女兒說：「吃點心！」
那天下午，我們就開開心心一起收玩具，一起吃點心。
原來，一問一答的「對話」就能達到效果，而且氣氛更愉快。我也更知道哪些事情是女兒真的不知道要做什麼，或怎麼做（問兩三歲的孩子，時常得到一陣沉默，原因正是如此），而哪些事情是她知道要做，但不想去做的。
「先發問，後討論」，省去了長篇的碎唸說教，雙方的互動也更平等，氣氛更輕鬆快樂。

提問者，才是帶領對話的人

有一位同行看過我與合作夥伴開會，她說：「你們比較像是在聊天，不像開會。而你比較像主持人，不像老闆。」

多虧了與女兒多年相處的經驗教會我，在達成協議的過程中，並不是話說最多最久的就是老大，深入提問者才是真正掌握對話的人。

想知道孩子在想什麼？先想好五個關於他們今天生活的問題。

想認識新朋友？先想好五個你對他有興趣的問題。

想了解客戶？先想好五個關於對方需求的問題。

想一起推動專案？先想好五個關於為什麼與怎麼做的問題。

記得，千萬不要評斷對方的回答，先聆聽與吸收，接著確保與會者都交換了資訊與想法後，最後再達成共識。會議主持人（對話引導者）的角色是讓大家都能說出自己的意見，然後從中找出符合最大利益的做法。

日本知名演員兼導演北野武在其著作《全思考：吧台旁說人生》中有一段話，十分生動貼切：

就像挖井也要引水，水才會湧出來，與人交談也需要拋磚引玉。無論對葡萄酒有多熟，都不能對侍酒師高談闊論，因為這麼一來，侍酒師就不會告訴你重要的事。你應該用問的：「這瓶紅酒為什麼這麼好喝？」

當你和老人家喝茶，若問：「爺爺，這只茶碗有何來歷？」他可能會回答：「我也不太清楚吶，只是一直用著。」即使只是這樣也可以聊上一小時。只要有個開端，就能聽到意想不到的事。對方心情會變好，我們也能知道不知道的事。

以好奇心提問，與人對話，才是真正有智慧的做法，還能增長自己的見識，與人更親近。

當我們改變「語言權力學」的錯誤認知，放下「說話的才是老大」的想法，而告訴自己「問對問題的，才是帶領對話的人」，對話與會議會變得完全不同。

「你今天過得如何？」是我每天一定會問家中成員的話，接著他們也會回問我今天過得如何。

「西班牙文上了什麼？教我幾句吧！」「排球隊表現如何？」「你下次生日

派對想做什麼？」這些都是我的口袋問題，等著女兒回家一起聊。連上托兒所的兒子我也會問「今天在托兒所玩了什麼？」「跟誰玩？」「吃了什麼？」才剛會說完整句子的兒子，也有辦法一問一答，跟我分享他的一天，這種感覺真的很溫暖。

當然，要改變老闆的性格大不易，我們可以先從身邊的同事朋友家人互動開始練習。而我的經驗是，當我們習慣用「對話」方式來表達意見，達成共識，扭轉開會氣氛指日可待。在與許多「話不少」的老闆的共同會議裡，雖然我不是主持會議的「頭」，但仍然可以運用發言機會，讓「拚命說話」變成「彼此對話」。

媽媽不該是家中的碎唸者，而該成為最會提問和聆聽的高手。而會議主持者，更不該是朝會台上的校長教官，而是用心提問與開啟對話的領導人。

斜槓人生心法

- 練習用「對話」方式來表達意見，更容易扭轉開會氣氛，達成共識。
- 放下「說話的才是老大」的想法，善於提問的人，才是領導人。
- 想知道孩子在想什麼？想認識新朋友？想了解客戶？——先想好五個問題。

誰才是老大？

我的父親是個創業者，從小我就常在他的建築師事務所打轉。他對員工很好，除了上班，大家私下也常聚會，一起出遊。或許因為我年紀還小，父親鮮少與我聊到工作或管理的事。直到他在我大一時過世，家裡沒有人可以接手事業，父親一手創辦的公司只能落得結束的命運。當時我才意識到，「當老闆」也是需要技巧與學習。

許多人夢想要自己創業，是因為在腦中有著「自己當老闆」意氣風發的模樣。我承認中學時的我，就是如此，當時我已經大言不慚與好姐妹分享：「以後我一定要自己當老闆。」甚至誇下海口，和好友約好要來我公司上班。

我當時天真的以為，當老闆就是決策指揮，「那這個我懂！」不就跟班長指揮班上同學排朝會隊伍一樣。直到自己真的創了業，有了員工，我才知道原來「老闆」二字說來容易，但要當個像父親那樣被員工與夥伴懷念的「好老闆」，絕非易事。

尊重是贏來的

十多年前，在一次公司內部會議中，因為大家不斷反對我的提案，我竟情緒失控動了怒。或許是當下覺得權威被挑戰，我竟還說出「請大家不要忘記，我才是老闆」這樣的話。

隔天，我一個個向夥伴道歉。然而說出那句話的當下我就知道，某些人心中已留下傷痕，「你與其他老闆還不都一樣」的心情，不說我也能感受到。

直到今天，我想起那一幕還是覺得很羞愧，自己當時的缺乏智慧，在重要關係築起無言的隔閡，悔不當初。

在公事上老闆犯的錯，大家可能隔天就忘，或礙於上司下屬關係，也只能敢怒不敢言，有苦說不出。最糟的狀況不過就是辭職再見！但在與孩子的溝通過程中，做父母的一旦擺出「別忘了誰才是老大」這樣高高在上的態度，有許多細膩的親子互動，也會因為這堵高牆給阻隔了。

倒不是說父母不該有權威，孩子對於家長的尊重絕對是必要的。然而如果需要爸媽單方面命令的方式來強調，這樣的權威也早已蕩然無存。「尊重是贏來的」，這句話絕對要先從家裡實踐，才能真正實踐在職場上。

有些父母甚至會誤將「威權」當「權威」。強加自己的意願在比自己弱小的孩子身上，甚至造成他們身體與精神上的壓迫，讓對方不得不從。這些都是「威權」，而非「權威」。

我與許多同輩的台灣孩子一樣，無論老師家長多努力維持「民主開放」的教養方式，我們都還是在體罰與威權的教育環境中成長。這種「誰是老大」的觀念堅不可破，從家庭、學校、婚姻、職場，從大事的決策到小事的溝通互動，我們都很難避免去「偵測」到底誰是頭。而在「上位」的長輩、老師、上司、老闆，也對於對方是否把自己當回事相當敏感。

自從那次會議之後，我坦然接受自己血液中也有這種癌細胞，而我最不希望的就是讓這毒瘤影響我的孩子。正因為這份「愛」，我嚴格檢視自己對孩子說出的每一句話，也在不知不覺中讓我漸漸「排毒成功」，成為一個與夥伴站在一起的上司與老闆。我偶爾仍要努力提醒自己，但這種劍拔弩張的場景已經很少發生。

這些話千萬別輕易說出口

雖說「口中的話都是由心發出的」，但努力改變用語，回過頭來也能夠改變我們的思維。這幾年的經驗讓我學到，以下幾句話，我建議位居「上位」的人，像是主管、老闆、父母、老師，都要努力提醒自己絕對不要輕易脫口而出：

一、因為我是老大，所以你要聽我的

會說出這樣的話，或許背後都有其脈絡與原因，但在聽者耳中接收到的訊息就成了「他在上我在下，所以我就得聽話」。不管自己多有道理或點子多棒，此時都不用說了，因為「我在下」，我的意見當然不會被採納。

這樣的話一旦說出口，兒女或工作夥伴難免認定你現在「不願意聆聽我的想法，就只是個『要我聽話的老大』」。員工就算暫時屈服在老闆的威權之下，為了五斗米折腰而不敢發聲，內心難免委屈了，也很難聽進真正需要溝通的內容。

如果要求自己，這些話別輕易說出口，是否就會思考更多方式，來場更正面的溝通呢？我相信答案是肯定的。放下「位階」，我們才會試著「以理服人」，講出理由來說服對方。也因為如此，我們必須學會停下來聆聽，才知道對方心裡真正的想法，也才能達到良性的溝通。

二、不這樣做，你就滾！

「你不照我的做，就不要待在這裡」「在這裡就要聽我的」「有種你走啊！」……，這些話不只在職場出現，在家中也常聽到。

「在我的屋簷下就得用我的方法」，意思就是「你其實可有可無」「你要走就走，我才不在乎」。

光用想像的，就不難感受到父母這麼說對一個孩子會有多大殺傷力。雖然孩子個頭已經超過我們，但「感覺自己對父母可有可無」，那孩子還會想回家嗎？

同樣的，對一起合作的夥伴來說，如果老闆或主管認為員工沒什麼價值，路上找個人都可以取代自己，那員工還會想一起努力，為公司付出嗎？

這也是這地方已經成為「一言堂」的跡象。只能以上位者姿態發言，就代表其他人的方法就算再好，也不需提出來了。

三、你以為你翅膀硬了？你以為你是誰？

當上司在面對已有一些資歷的下屬，或父母面對青少年時，特別容易說出這句話。其實我在打造團隊時，最珍惜的階段，就是看著一個夥伴從什麼都不懂，經過學習成長後，開始願意主動嘗試新方法。因為這代表教基本功的辛苦日子就快結束，然而這段時間也是最容易與「師父」發生衝突的階段。

「最優秀的未來領袖，就是最會跟你衝撞的那一個」，我常這樣告訴創業夥伴。這也是做為一位母親的心得。孩子總有什麼事都必須依賴媽媽的時期，然而如果我的孩子到了四、五歲，還什麼都要媽媽，「媽媽餵、媽媽牽手、媽媽不可以走」，那真是媽媽的惡夢。我寧願孩子主動跟我說「我自己來」，這也代表我很快就可以放手讓孩子學習獨立。

一開始難免需要收拾殘局，清理打破的碗、等二十分鐘都穿不好鞋子，也難免會有挫折哭鬧，但這都是成長必經的過程。

四、千萬別做人身攻擊

我認識一位創業有成的長輩，在事業上給我很多幫助與建議，然而我一直沒有與他密切合作，原因很簡單：他總是人身攻擊。

他從來沒這樣對我，但我聽過好幾次他用不堪入耳的話辱罵員工。事業也許仍舊可以成功，然而他永遠找不到接班人，甚至很難留住優秀人才，找到的都是「說一動、做一動」的被動員工。因為真正的人才絕不會讓你如此羞辱，會去找懂得珍惜與尊重他的伯樂。這種做法在過去的社會可能還行得通，但現在免不了要吃上官司的。

以心相待，才能得心

父親過去公司的左右手，現在也是我的表姊夫，他們夫妻就是在我父親的公司相識相戀，進而成為一家人，爸爸算是他們的大媒人。

表姊夫現在也擁有自己的建設公司，事業成功。然而不管我父親過世多久，每次只要我們久久見一次面，表姊與表姊夫就會提到我父親是個多麼關愛員工的好老闆。他們並不只是在那間公司每日上班、賺取每個月的薪水，父親會為他們的未來著想，包括婚姻大事，也尊重每一位與他合作的人。對他們來說，我的父親不只是他們的前老闆，也是貴人與恩人，甚至是懷念的家人。

父親從未對我說出「給我聽話」之類的話，甚至從未體罰過我。每當我面對人生許多重要轉折與挑戰時，「爸爸會怎麼做？」這句話常出現在我心中。我希望自己是這樣溫暖而有力量的母親，也期待自己成為這樣的領導者。

斜槓人生心法

- 別將「威權」當「權威」，不強加自己的意願在比你弱小的人身上。
- 最優秀的未來領袖，就是最會跟你衝撞的那一個。
- 放下「位階」，以理服人，以心待人。

強求萬眾一心，不如理解每個人的內心

現代管理學有一著名理論「目標宣言」（Mission Statement），如果大家都認同一樣的目標，擁有相同的願景，要一起共事起來就特別容易，因為「有共識才能共事」。

然而我在帶領團隊時往往發現，開會時或許全員點頭如搗蒜，看似萬眾一心，實際運作起來卻是各懷鬼胎，每個人對同一個目標有不同的詮釋，做法也各有不同。

家，就是一輛多頭馬車

然而這樣「多頭馬車」的亂局，對身為「家庭 CEO」的媽媽我來說，卻是家常便飯。

台語說「大船歹啟航」，意思是當一艘船愈大、載的人愈多，就有愈多狀況，讓船無法順利出航。只要是媽媽，每天都要面對這種狀況。

例如，以為昨天已經提醒全家人，隔天七點鐘計程車就會到家樓下接大家到機場，每個人應該在那之前都準備妥當才對。然而兩歲半的兒子搞不清楚狀況，臨出門前又開了一盒拼圖要玩；女兒的「機場穿搭」就是少了那一味，對著鏡子又是喬帽子、太陽眼鏡戴上又取下，最後還大叫一聲「等一下」，跑回房間換上衣。老公最嚴謹，出門前已經檢查完所有的電器和插頭，到了門口卻又衝回廚房，檢查爐子是否都關上了。而我呢？總是在擔心忘了帶什麼，因為總是有「什麼」忘了帶。

這樣的兵荒馬亂，卻是每次出遊前的常態。「說好明天早上七點要出門」這個「目標宣言」宣告無效！因為每個人對於「出遊」兩字有著完全不同的定義。與其堅持自己說的沒錯（我不是說過七點出發嗎？），倒不如知道每個「團隊成員」在意的是什麼，各個擊破。

身經百戰的我，會在出遊前幫兒子準備特別的「旅行小福袋」，裡面裝入玩具和畫冊，還有一兩樣是新的！在他著裝完畢、準備就緒後，我才秀出新玩具，兒子一看，當然立馬乖乖飛速坐上車。

至於女兒，前一天晚上，我就提醒她先「定裝」，把明天要穿的全身裝備都決定好（當然包含帽子和眼鏡），雖然無法保證不會有任何臨時起意，但終究可以準時出門。

我也知道老公總是擔心門戶安全，我也列出了出遠門前要檢查的清單，就不致於臨行前又想起什麼（或忘了什麼）。

「媽媽 CEO」就是能把家裡每個人的性格摸得清清楚楚，才能把家裡每件事按照計畫徹底執行。

不能同心，豈能同行？

經過日積月累的媽媽培訓後，我在工作上也因為當媽媽的資歷愈深，而有了不同的管理風格。

過去我很希望所有人都與我有同樣的願景目標，總覺得如果大家有「二心」，就是不夠忠心，因為「不能同心，豈能同行」？

我也以為，團隊「目標宣言」一旦擬定，所有成員就應該義無反顧朝著目標共同努力。但事實上，如果這個目標不是由每一個成員一起立下的，而是由領導者自己畫出來的美好大餅，多半很難達成。而過度強調大家同心，反而容易讓整個團隊變成一言堂，甚至強化了反抗的力量。

我遇過很多職場強人，都很會「強迫」別人。這種「強迫」並非壞事，是一種擰著大家脖子往前邁進的「硬功夫」。有深厚功力的人，的確容易成功。我在初創業頭幾年，也是「人生何處不勉強」的信奉者。一開始只有自己一個人很容易，要勉強自己少睡一點、多做一點，不是太難的事。但一旦成立團隊，隨著規模愈來愈大，難度就愈來愈高。

每個團隊成員都有著自己的動機，以及想從中得到有形或無形的東西。當我們總想勉強所有人往目標邁進時，就如同一隻牧羊犬，要帶領的不是幾頭羊，而是非洲動物大遷徙，困難重重。

我曾因為這樣的錯誤期望，得罪不少人。他們覺得我是「霸氣的領袖」（說好聽一點），而我覺得他們是「扶不起的阿斗」。這樣的對立慢慢變成了衝突，有些優秀人才因此離開團隊，這也是我工作生涯的一大遺憾。

當好人才離去，我發現自己連他們求去的真實原因都不清楚，到這個時候才懊悔不已，自己怎麼沒多花點時間理解他們真正的想法。說不定，我們能從中找出平衡點，以及一起努力的目標。

不同的人，需要不同的激勵誘因

我開始學著不強求萬眾一心，因為這是幾乎不可能實現的幻夢。我也不再介意每個人都有不同的「動機」或「個人規畫」，就如同一個家族的不同成員，也會有不同的性格與想法。這不代表無法達成同樣的目標，只是無法用「強制要求」的做法辦到。

人人心裡想的都不一樣，自然要給予不同的誘因和準備工作。真正的領導者，是最能夠「摸清楚」每個成員腦中想法的人。「理解」與「聆聽」就變成每位領導者需要學習的管理術。也因為深度的了解與接納，所以他知道如何激勵每一個成員，讓他們在不同的位置與角色上，發揮各自的潛力。這也才是能夠凝聚團隊的真正力量。

用心花時間與孩子周旋的媽媽，在管理團隊上有很大的優勢。因為母親在家裡不會揮大旗，不呼喊口號，而是徹底了解每一個家人喜歡和不喜歡吃的食物、固定的儀式，所有偏執偏好，甚至每個人的小祕密。然後用對方能夠接受的方式，鼓勵對方前進。

地表上最強的管理大師，絕對不是站上千人萬人講台，滔滔不絕講著目標宣言的那一位，而是每一天，都能讓一家大小開開心心、準備妥當出門的「媽媽CEO」。

斜槓人生心法

- 「理解」與「聆聽」，是每位領導者需要學習的管理術。
- 不揮大旗，不喊口號，徹底了解每個人，用對的方法激勵對方，才能帶領團隊想目標邁進。

Part 5

清楚自己為何而忙

每天工作「黃金三小時」

不少人聽到我在家工作，又有稚子圍繞，都會問：「你這樣怎麼有時間工作？」的確，我並沒有完完整整一天八小時可以專心工作。事實上，我也無法專注這麼長一段時間，因此我學會把握每天最精華的三小時，就能比坐在桌前八小時更有產值。

對我來說，專心投入三小時已是極限，給我再多時間，產值不會更多，只能完成更多雜事而已。尤其對創業者來說，「思考與創造」比「忙完手邊雜事」更重要。因為雜事永遠做不完，如果因為追著雜事跑，而無法產出有價值的方案或內容，就像一輛跑車只能在原地空轉，久了會出問題。

「產值」勝於「產量」

不只我這麼做，很多創作型職場人士都採用同樣的工作步調。在《用心休息：休息是一種技能——學習全方位休息法，工作減量，效率更好，創意信手拈來》中，作者方洙正（Alex Soojung-Kim Pang）就提到許多知名作者，每天甚至寫作不到三小時。

《呆伯特》（*Dilbert*）作者史考特．亞當斯（Scott Adams），每天創作四小時，他說：「我的價值在於每天想出什麼是最佳點子，而非每天工作的時數。」這也正是我的工作黃金守則。

史蒂芬．金（Stephen King）認為自己每天若花四到六小時閱讀與寫作，就已經是「辛苦的一天」。不只是作家，包括科學家與法學大師，都認為一天若把握最珍貴的幾個小時，就已足夠，甚至會強迫自己休息，因為這才是創造力與精力的重要補充劑。

這些作家與優秀人士每天只工作三到五個小時，就有如此出眾的成就。然而我的理由相對單純，因為我是創業的媽媽，不得不把握時間，兼顧工作與家庭。他們的心得也讓我足以鼓勵自己：時間不多，一樣可以成大事！

每個人最有產值的時間不同，方式也各異。有些人喜歡早起，有人是夜貓子；有些人喜歡一鼓作氣，有些喜歡每個小時休息一下。然而無論如何，砸大把時間不代表高產值。

只要改變了一定要砸時間才能有所成就的想法，整體工作情緒也會高昂起來。畢竟很少人喜歡終日坐在辦公室埋首工作，當我們好好運用每日雖短卻有效益的小時數，就能留下更多時間陪伴家人、體驗生活，甚至還能多為自己打造另一份收入呢！

哪些事該善用「黃金三小時」完成？

每天事情這麼多，究竟哪些事該在「黃金三小時」完成、哪些不該？而瑣事小事又該如何安排？

我將生活中所有事分為四個象限。「需要完整時段」到「瑣碎時間能完成」為縱軸，「需要動腦」到「不需用腦」為橫軸。

需要「完整時段」又「需要動腦」的事，就善用黃金三小時完成。例如：規劃公司下一季行銷策略、開重要的網路會議、寫作、撰寫整期課程課綱與內容、完成年度稅務報表等等，我會歸入這三小時中，且一天不超過三件事。因為我的腦袋很難在一天內完成這麼多「大事」，就算硬著頭皮多做，效果也不好。我的行事曆也只寫這些大事，相當簡單清楚。

「瑣碎時間能完成」又「需要動腦」的事，我會利用通勤或等待的時間，或當我三小時內完成了今日任務後，仍有剩餘的時間來完成。例如：閱讀、聽錄音檔、看報表、批學生作業、撰寫發布臉書專頁和 Instagram 的照片文章、回電子郵件或電話等。

以閱讀為例，雖然我常笑稱自己過去「一目十行」，而現在只能「一天十行」，但就算只有半頁，也是前進。我手邊隨時帶著一本書，而家裡各個角落（廁所、床邊、廚房）也會有我看了一半的書，這樣有五分鐘空檔（甚至等水煮滾的時間）就拿起來讀，一個月也能完成三、四本書的閱讀量。

「瑣碎時間能完成」又「不需動腦」的事，就完全不應該放在黃金三小時內。這樣的事對媽媽來說實在太多了！把握「隨手一分鐘」和「帶孩子一起做」兩個原則，通常就能順利完成。例如：洗手間與廚房的基本清潔工作，只要順手一分鐘在使用後將枱面清理乾淨，會節省很多與頑垢抗戰的時間，最好還可以帶著孩子一起做。這是非常重要的生活教育，也能節省時間。例如我的三歲兒子，最喜歡和我一起將衣服分類放入洗衣機，也愛將洗碗機乾淨的餐具歸位。工作結束後，若能用幾分鐘時間將桌面收拾好，垃圾傾倒乾淨，隔天工作也會更神清氣爽。

最後就是「需要完整時間」卻「不需要動腦」的事。這些事得安排時間完成，但不需動用最「黃金」的時段。例如：整理過季衣物、將公司去年度報表整理歸檔、寫聖誕卡片等等，我就會安排在「非黃金時段」來做，例如孩子睡了，

黃金3小時象限圖

善用黃金3小時完成！

動腦 ✓ 時間 ✓

- 行銷策略
- 寫作
- 構思課綱
- 完成稅務報表

（注意：一天不超過三件事）

別占用黃金3小時完成

動腦 ✗ 時間 ✓

- 整理檔案
- 整理換季衣物
- 寫謝卡

運用空檔

動腦 ✓ 時間 ✗

- 閱讀
- 看報表
- 回信回電
- 批改作業
- 發社群媒體貼文

不拖遲，隨手做

動腦 ✗ 時間 ✗

- 隨手一分鐘
- 帶孩子一起做

到我上床之前，可以騰出個半小時完成，或在長時間的交通時段（搭高鐵或飛機）進行。

發揮黃金三小時最大效益

將事情一一歸類後就能發現，其實要利用黃金三小時完成的事情並不多，但我還需要一些方法好好堅守原則，來完成重要任務。以下是這些年來，助我好好利用「黃金三小時」的妙招。

一、挑出「每日工作重點」

每天都有層出不窮的事找上我們，一不小心就很容易被瑣事、突來的訊息或電話，打亂原本的工作計畫。所以我每天給自己絕不超過三個「工作重點」：在這幾個小時內「一定」要完成的事。若非「當下不處理就會完蛋」的事，或重要家人朋友的緊急大事，否則我不會分神關照，更不會容許自己在尚未完成「工作重點」前，就上網聊天。

這確保了我就算有多重身分在身，無法高速衝刺，但仍每日推進一點進度。知道自己完成「今日工作重點」後，也比較容易放下工作時的嚴肅心情，放鬆陪伴家人，好好享受生活。

作家史蒂芬·金也是這樣。他每日絕對要求自己寫滿兩千字，在目標達成之前，絕不停筆。有時中午前就完成，有時下午一點。但完成後，就是完全屬於家人與自己的休閒時間，還能不錯過紅襪隊的比賽轉播。

二、固定的工作規律

「變化」是很耗費心神的事，所以我寧願在每日作息中省下應對變化的心力，把能量用在工作中，創造出更有品質的內容。

許多創作者與創業家也維持極為規律的生活作息。知名日本作家村上春樹寫小說時，清晨四點就會起床，接著寫作至中午，下午則用來運動、處理雜務、閱讀，晚上九點準時上床睡覺。他在二〇〇四年告訴《巴黎評論》：「我保持這樣的作息，天天如此，從不改變。這樣的重複本身就很重要。」

心理學理論也支持這樣的做法。心理學大師威廉・詹姆斯（William James）在其經典著作《心理學簡論》（*Psychology: A Briefer Course*）就提到：「我們愈能把日常生活的細節交給毫不費心思的自動行為照管，就能釋出愈高的心智能力，發揮適當功能。」

你幾點起床？如何醒腦？在正式「上工」前，需要哪些儀式？工作時是否堅守特定規範？「基本作業流程」愈簡化且重複，就能為我們減少愈多在桌前摸來摸去、做各種不重要抉擇而浪費的時間。

我每天起床後，一定會與丈夫孩子吃頓飽足營養的早餐，這對我們十分重要。若今天是我預定的工作日，送孩子上幼兒園後，我便會到附近的咖啡廳，在固定的位置坐下，店員甚至都知道我的習慣，總是立刻端上一杯卡布奇諾，我就打開電腦開始上工，直到接兒子放學為止。

我喜歡乾淨的桌面，愈簡單愈好，一杯咖啡與一台筆電，就是我最完美的工作環境。有些人喜歡看著大自然工作，那就該選擇能聽到鳥鳴、看見花草的窗前位置。固定的工作規律讓我多了踏實感，也能盡快進入最佳狀態。

三、遠離打斷思緒的環境

多年斜槓人生的經歷，讓我其實不需要完全安靜的環境也能專注工作。但身為母親，孩子一句「媽媽」，就足以把我從工作模式抽離，更別說若是開網路會議，孩子在身邊更容易分散眾人心思。

因此，在兩個孩子還是嬰兒時，我只能把握「孩子睡覺時間」來工作，這也是很多在家工作的媽媽唯一的「上班時間」，還好嬰兒的睡覺時間比大人長一些。但我也發現，晚上工作效率不彰，還會影響睡眠品質，所以當孩子滿六個月後，我會花一點錢請鐘點保母，或請家人幫忙，在週間的白天時段，請他們在我身邊帶著寶寶，讓我一邊看得到孩子，也能夠安心工作一段時間。

我在德國生孩子後，赫然發現，身邊的德國媽媽就算自己在家帶孩子，也會在孩子一歲後，每天讓他們去托兒所幾個小時。過去在台灣認為「孩子這麼小送去托兒所好可憐」的我，也開始動搖，在兒子滿一歲半時，送他到托兒所試試。孩子一天雖然只去托兒所短短一兩個小時，卻足以讓我稍稍喘息，買買雜貨或喝杯咖啡。現在兒子要三歲了，每天開心在幼稚園玩樂的五個小時，給了我充足的時間工作，以及完成我想自己一個人做的事。

事實上，我鮮少有超過三小時的完整時段工作，但每日每週慢慢累積，仍舊在一年內，產出一百篇部落格文章！

若你是很容易被訊息或電話打斷的人，更要在「黃金三小時」內盡量減少干擾。我會刻意把筆電與手機網路暫時關閉幾小時，只留下電話功能。由於只有少數重要親友知道我的電話號碼，在這段時間內，我能確保自己只會收到重要訊息。

心靈充電與預備

黃金三小時以外的時間，不代表腦袋就完全停止運作了，更不可能停止思考。文學家狄更斯與生物學家達爾文，都是每日散步的愛好者，他們視這段時間為「心靈充電」，親近大自然就能觸發他們的思維，甚至產生很多新點子。

現代人的生活雖然沒有這般閒情逸致，身為母親的我，更鮮少有獨自漫步大自然的奢侈幸福。但我同樣覺得，「非工作」時間對我那「黃金三小時」十分重要。

當我陪伴孩子在公園玩樂，當我做家務、閱讀、洗澡，甚至陪在孩子床邊睡覺時，往往都是我產生最多工作或寫作靈感的時刻。如果把大腦看作電腦一般，我坐下來的黃金三小時所完成的是「輸出」部分，然而更重要的「輸入」，往往是在「非工作活動」時間內進行。

例如：要回一封重要的電郵，我也會一邊做不用動腦的事，如晾衣服，一邊在腦中構思怎麼回覆。往往當我真正坐下來敲鍵盤時，只需短短五分鐘，就能把一封複雜難寫的信件寫完，這節省了我坐在電腦前的「工作時間」，把更多自由給了自己。

要想精簡工作時間，還可以將「雜務外包」，這不需花費很多錢，只需善用科技。我家的雜貨有七成都是透過網路訂購，我省去許多主婦覺得很累的採買工作。在台灣比德國還方便，許多優質的生鮮與蔬果都能上網訂購，價格還更實惠。

「網路會議」也節省我許多時間。我花了六千台幣成為網路會議平台的付費會員，公司內部的會議、網路課程，都是透過該平台完成。以「租金」的概念來看，實在划算。我甚至不需梳妝打扮，只要在螢幕前保持還不錯的狀態就行了。更減少了與會夥伴交通和場地準備維護的時間，一舉數得。當然，也少了很多無謂的交際應酬與費用。

使用網路銀行、固定費用轉帳代繳，都是可以善加利用的外包技巧。我在海外就常用 PayPal 付款，連輸入信用卡資料的時間都省了。

愈忙愈從容

我看過太多想「偷」時間做事的例子，最終都因無法自律而宣告失敗。本該投入完整心神的黃金三小時，變成談天三小時；本可隨手處理的瑣事，拖到必須花更多時間才能搞定；一有空閒時間，就滑手機、玩遊戲。但若你對自己的未來有所期許，想在有限時間完成重要目標，就無法用隨意揮霍的態度看待有限的時間。

過去事情沒那麼多的我，總在交件日最後一天才完成報告；要上台演講前，也重複修改我的簡報到最後一分鐘；總是拖延一堆小事變成了急事，到最後用自己寶貴的睡眠與家庭時間彌補種種浪費。現在我事情愈來愈多，反而更謹慎看待自己的時間，甚至更認真照顧自己和家人的身體，以求隨時都有最佳表現，不會因為生病或疲憊而影響了效率。事情多了，我卻感覺自己自由又從容，鮮少被待辦事項追趕。

先放下「我怎麼會有時間」的想法，好好安排每件事該使用的「時段」，妥善運用每日黃金的三小時，實行三個月下來，肯定大有收穫。

斜槓人生心法

- 重視時間「產值」勝於「產量」。
- 黃金三小時所完成的是「輸出」部分，更重要的「輸入」往往是在「非工作活動」時間內進行。
- 善用黃金三小時以外的時間思考與預備，為心靈充電。

所有的高招都是學來的

面對夢想時，你是否也曾這樣，在「惦惦自己斤兩」後，覺得做不到就放棄了？許多人都有先入為主的想法，認為得具備所有需要的能力後，才足以接下工作或挑戰，兼顧多重角色的女性更容易有這樣的傾向。然而，我們哪一項「能力」不是學來的？放棄，就完全阻絕了改變的機會。

有幾年時間，我每週主講婚禮講座或課程，與想在婚禮業界發展的後輩交流與分享經驗，幫他們加油打氣。婚禮這行「外裝」漂亮，特別是年輕女性，或剛辦完自己婚禮的新娘，總對婚禮業界抱著無限憧憬與想像，但是當實際面對籌辦婚禮背後的辛苦、客戶的各種需求，以及對自己能力的懷疑時，常讓這群原本熱血沸騰的女孩卻步，甚至放棄。

沒有「天缺」，只有「還沒學會」！

我遇過一個女孩，為了想一圓從事婚禮策劃的夢想，甚至不惜從研究所輟學，想拜師學藝進入這行。她的奮不顧身讓我吃驚，我甚至說服她三思，然而看到她堅毅的眼神，我決定帶著她貼身學習。但第一個月，她就遇到了巨大的挑戰。

她從小在安穩的環境長大，是學業表現優秀的乖女孩；她溫柔善良，但一看到人就緊張到滿臉通紅，就連我們上課時對著同學練習，她都害怕到雙腿發抖、嘴唇發白。當她被準客戶評論「看起來像個學生」、「太年輕」時，她備受打擊，從專業技能到外在形象，她對自己充滿失望。

有一次，她在訓練課程開始前，終於忍不住崩潰大哭，「我不知道自己該怎麼辦……我真的很差！我就是這樣的人，我做不來！」

看她這麼難過，我也跟著紅了眼眶。我坐到她身邊，先給她深深的擁抱。我知道這真的不容易，我也有過這樣的心情。面對自己想完成的夢想，卻因為自己的「天缺」而無法做好時，真的是很痛苦。

我很誠實告訴她，如果她不能改變「害怕對眾人說話」這點，她的夢想之路會走得特別艱辛，甚至成功機率微乎其微，因為這是需要大量與人接觸的行業。她如果真的想做到，就必須調整自己，但是「千萬不要覺得自己做不來」！「我現在還不會」，代表我未來有機會學會，但千萬不要在自己身上貼標籤，因為我們每日聽最多的，就是自己腦中的聲音。

她聽進去了。從那次之後，她刻意爭取與人對話的機會。從喊著「我做不到」，想抗拒與逃避，到成為團隊中總是主動迎接問候的那一個。她從一次次的刻意練習中，漸漸突破原本她認為「牢不可破」的本性。她仍舊是團隊中講話最輕聲細語的人，但因為「想要」，所以努力學習新能力，從一個與人講話緊張到聲音會顫抖的人，成為一位專業的婚禮主持人，之後還成為了講師。

學習如何「學」

我很喜歡政治理論家班傑明・巴伯（Benjamin Barber）說的一句話：「我不會把世界區分為強與弱、成功與失敗……，我會把世界區分為學習者與不學習者。」

看著我的兩個孩子，我更明白人的潛力無窮。我的兩個孩子各在台灣與德國度過人生前三年，台灣的孩子都會用筷子，而德國的孩子每個都咬得動很硬的小麵包。為什麼？都是學來的。雖然每個人本質不同，但許多共同的態度與能力都可以磨練。《心態致勝》（*Mindset*）一書也提到，「成長心態」的人容易成功，因為他們總覺得自己只是還沒學會，未來能夠成就的，不能用現在的自己來決定，因為人會學習與成長。

在我成長的過程中，常常被稱讚「聰明」。我知道自己的學習速度的確比同齡人快，但這並不代表我學什麼都又快又好。因為害怕自己的弱點被人看穿，進而被發現「其實你也不怎麼樣嘛」，所以我逃避沒那麼在行的事，例如運動。我知道自己運動沒有讀書來得厲害，也不喜歡被人說「頭腦發達、四肢簡單」，所以常在體育課裝病，躲進保健室。這讓我沒有機會練習，而且還真的愈裝愈體弱多病。「我是運動白痴」的自我認定，就此烙印在心中。

女兒小學一年級時，很喜歡跳舞，所以央求我報名學校的課後舞蹈課。我與家人偶爾會到場看她練習。正當我看著女兒跳舞，想脫口而出「好可愛喔」那一刻，家人卻在我耳邊悠悠地說：「她真沒跳舞天份。」當下我無言以對，倒不是在想女兒究竟跳得如何，而是有點生氣的想：「為什麼她才剛學舞，就認定她沒天份？」我當下沒有爭論什麼，但這句話讓我想起自己對運動的態度，還有好多我對自己與別人先入為主的想法。

我深自反省，身為母親，我該要先改變我的心態，才不會將「你做不來」這種標籤，在孩子還沒真正付出努力之前，就貼在他們身上。「誰說我學不會」的奮戰態度，才是我想傳達給孩子們的。

之後，我透過工作認識幾位健身教練。我改變心態之後，決定請其中一位教練每週兩次到家中教我健身。

三個月內，我漸漸從手無縛雞之力，練出一點肌肉線條。接著再加碼，除了每週兩次家教時間，我還到健身房跑步、做重量訓練。再過三個月，我已經可以連續做一百個仰臥起坐，還練出腹肌。到了德國，我還去上以色列搏擊，直到懷孕四個多月才停課。到現在，我雖然仍對球類運動很不在行，但我再也不認為自己是「運動肉腳」了。

每天投入一小時

職場與生活上的能力，我相信沒有一項是學不會的。就像女兒告訴我：「所有厲害的球員，都從第一次碰球開始學起。」別去想「我不會」「我不能」「我做不到」，而該試著思考「怎麼學會」「怎樣才能」「我可以做得到」。當「什麼都有可能」的思維開始運作，就只剩下「如何做到」（How）的問題了。

我到德國後，開始書寫生活記錄，無心插柳成了網路專欄作者，每兩週固定交一篇新稿。每天都追著孩子和家務跑，還要照管台灣事業的我，怎麼有時間？況且隔行如隔山，我對社群經營與粉絲專頁毫無研究，但我告訴自己：「學就對了！」我規定自己，每天至少花三十分鐘到一小時寫文章、經營粉絲專頁。

當我的腦袋開始運轉，訂下時程後，我從每兩週一篇，到每週一篇，一年下來，也累積了數百篇文章。雖然不是篇篇品質都好，但我就像和尚敲鐘，一直努力練習，這樣學習一整年，也出版了我的第一本書。四十一歲的我，身為「作者」的第三份事業才正要開始。

我特別想鼓勵離開職場一段時間的媽媽，千萬不要先否定自己，也絕對不要告訴自己或別人「我沒辦法」。想想我們的孩子，從只能躺在床上的小嬰兒，到現在滿場飛讓大人追，從一句話都不會說，到三年後就能機伶回話，而我們雖然年紀大了點，學習速度慢了些，但要相信自己一定能學會一些新把戲的。

如果你是還在家中照顧幼兒、無法出外工作的媽媽，可以每天撥出一小時，學一些有興趣的新技能。也許是語言，也許是烹飪，也許是程式設計、經營社群媒體，或是讀幾頁與自己專業相關或有興趣的文章書籍，都是很好的投資。別小看每天投入一小時，累積起來絕對有強大的功效。

任何高招，從都從零開始學起。現在看起來很「鳥」的自己，經過幾個月練習，也能有一些成績，持續幾年的不斷努力，還可能搖身一變，成為職場武林高手！

斜槓人生心法

- 未來能夠成就的，不能用現在的自己來決定，因為人會學習與成長。
- 每天投入一小時學習，累積起來絕對有強大的功效。

忙而不盲，是一種充實的享受

當兩歲半的兒子終於可以在托兒所待長一點的時間，我也終於有幾個小時「自己的時間」。有一天，我很有效率的忙完工作，處理好重要事項，甚至做完所有家務後，我環顧整齊的家，心想，「現在，該做些什麼好呢？」

我到兒子房間，把所有衣服倒出來，一件件整理好。太小的、太舊的放一邊，其他一件件摺得整齊，再放回抽屜。整個過程我都無法自拔的微笑著，看著這些小小的衣服，就想起兒子的模樣，可愛的小鼻子、舞動的雙手、奔跑時的開心尖叫……，每個畫面都讓我好愉快。我邊整理寶貝的小T恤，邊在心中默默想著：「宇宙啊，請讓我兒子健康快樂長大。請讓我能夠陪伴他。謝謝你給我這麼棒的禮物——我的兩個孩子！」

「自找的」忙碌

接著，我想到女兒的旅行就快結束，她返家那天，我想為她舉辦歡迎派對。該怎麼裝飾她的房間？如果拿個歡迎牌在機場迎接，她一定很開心！想著想著，又幫自己排了一項大工作，還有一堆待辦清單，但想到女兒的笑容，就覺得一切都很值得。

用著最後一點時間，我又跑到百貨公司，幫老公買了搭配黑色西裝的領帶，還特別請店員包裝成禮物，慶祝他找到新工作。我也買了好姐妹的生日禮物，隔天還要在我家為她慶生。

老公回家後問我：「今天你終於有比較多時間，都做了些什麼呢？」當我拿出給他的禮物，開心分享今日種種，他搖搖頭笑著說：「妳還真的閒不下來啊！」同時開心在鏡子前試新領帶，很是滿意。我看著鏡子裡的他，心想，今天雖然忙翻了，卻好快樂、好充實。

其實整理兒子衣服、策劃女兒的歡迎派對、送老公小禮物，甚至在家中幫姐妹辦慶生會，這些都不是「不做不行」的事。以時間管理書中的觀點來看，明明該休息時卻不休息，盡做些沒什麼「生產力」的雜事，我根本是跟自己過不去。但這才是我的「快樂管理學」：清楚你的夢想，實現你的使命，你會享受在這極其充實的忙碌中。

經過多年的母親經驗，我體會到無論多辛苦疲憊，「使命感」才是真正讓人願意放下懶惰、不斷努力的原因。不是必須，不是沒辦法，而是「我想要」，這股動力比任何鼓勵都來得強大！

當「忙碌」已成日常

現代人很忙，忙工作、忙家庭，甚至假日忙著去這打卡、那玩樂。我們將時間表填得滿滿的，心靈卻不一定如此。特別是身為父母的我們，一有空閒時間，鮮少問「自己想做什麼」，因為總還有很多計畫等著我們呢！有不少我這年紀的媽媽朋友，最想要的生日願望不是任何禮物，而是一個人一整天完全不做任何事。

沒有人喜歡一直忙碌而沒有休息。只要是人，都喜歡偶爾放鬆，以及足夠的睡眠，渴望無壓力的生活。我更是熱愛自由的人，也熱愛旅遊放鬆，無奈的是，我選擇了在當母親的同時創業，忙碌從此變成我的日常。如果過去有人告訴我，要「和忙碌做朋友」，就如同告訴一個期望健康的癌症患者「請與疾病共存」一樣——聽起來很美好，實際上卻做不到。

當「忙碌」成為無法改變的現實時，我可以做什麼？

給自己更多的時間休息？還是換一份輕鬆點的工作？我發現都不是。能讓我「甘心樂意」投身忙碌而不終日抱怨的原因，是讓我在這份忙碌的事上，明確知道自己「為何而戰」。

為了自己珍愛的人事物，要我焚膏繼晷也不足惜。只是我們是否看清楚自己手上「所做的」與「想要的」一致，還是反其道而行？在這十多年創業過程中，我有幾次「重開機」的經驗，都是因為赫然發現自己已經忙到「盲」了，失去原本最珍視的價值或生活。

想賺更多錢讓父母過更好的生活，結果連家都沒時間回；想陪伴孩子成長所以努力工作，結果卻錯過孩子的成長，這些都是令我感到遺憾卻真實發生的人生故事。我最害怕的，不是忙碌，而是當有一天回頭看自己的一生：這輩子這麼忙，卻過著我不喜愛的人生，也沒有完成任何夢想。

「忙到失焦」在所難免，所以每隔一段時間，我就會依序問自己以下四個問題，重新歸零再出發。

一、我都在忙什麼？——重新檢視手中工作與時間

常有人比喻上班族就像是在「倉鼠籠」中奔跑，每天跑得精疲力盡，卻始終原地踏步。然而，我不認為當了老闆就能擺脫這樣的命運。無論你是自己創業、

上班，甚或是身為父母及兼任各種角色，如果我們不清楚自己要往哪裡去，有什麼目標與使命，都會像在倉鼠籠裡揮汗狂奔，卻無法前進。因為每天都有許多「該做的事」讓我們疲於奔命，耗盡精力與時間。

停下來，重新檢視自己正在忙碌的事。你真的知道自己把時間都花哪裡嗎？將你每週的行事曆和工作內容如實記錄下來，你可能會赫然發現，其實並沒有任何一件事與我們想達成的目標相符，或甚至少得可憐。那麼現在就是該改變的時候了！

二、我理想的生活是什麼樣貌？——清楚自己的遠景與夢想

這個問題可能令人興奮，也有可能令你苦惱，因為有許多人完全沒想過自己到底想要什麼。

我從小就是一個愛做夢的人，也嘗試過許多成長勵志書的「做夢」方法。有些很實用，但有些就太過夢幻了。與其把一堆車子、房子、孩子的照片貼在牆上激勵自己，甚至還為了根本買不起的名車而傷神，不如想想：「從今天算起三年後，你想要過的『完美的一天』，是什麼樣貌？『完美的一週』呢？」

有孩子的人千萬不要忘了把孩子的年齡納入考量，因為那是不會隨著你多會做夢而改變的，他們該是幾歲就會是幾歲。很實際地，在某個年紀之前，他們不會從我「完美的一天」缺席，就算那讓這一天看起來不那麼「完美」。

也別怕夢想會改變，夢總是會變的。我在創業之初，想要車子、想要房子，一心認定「有錢不就該買車買房嗎」？等到創業五年，達成這個「夢想」之後，我才發現，我想要的其實是「雲遊四海」的生活，車子和房子根本就把我給綁死了！但這樣的殘酷認知，也讓我調整後續做法。我從那一刻起就專注目標，打造可以讓我「各地遙控」的事業系統，也讓我今日無論人在哪裡，都能有主動與被動的收入。

三、我該專注在哪裡？——列出三個現階段對你最重要的角色

斜槓人生的多重角色中，哪一個是你最重要也最重視的？是「負責養家活口」（事業）？還是「新手媽媽」（家庭）？還是「樂團吉他手」（興趣）？或許三者皆是。

在這個到處都在談夢想的時代，我們不缺「夢」，缺的是好好扮演往夢想邁

進的角色，才有實現的可能。然而每個階段都有不同的生活重心，很少有人能將整個人生該體驗的所有角色同時加諸在身上，還能做到完美。然而如果只專注在一個角色，卻也可能遺落其他重要的責任。

對現階段的我來說，「家庭」的確是重心，但我同時也是婚顧公司老闆，手上正在寫一本書，我應當將我的精力與時間好好分配在這三件事情上，其他角色則是「別辜負就好」。至於「環遊世界」？很美好，但並非我現階段計劃完成的事，至少等到完成現階段的角色與任務之後再談吧！這樣的想法能幫助我聚焦當下並努力，而那些五年十年後的夢想，也才會有機會實現。

四、我現在該做什麼？——重新規劃手上的工作項目與時間

最後，當然就是依照著上面的羅盤，規劃現在的每一天。我常常與工作夥伴分享：「沒有放在行事曆上的『目標』，都只是空談。」太多人光想著夢與目標，卻忘了「今天我要做什麼，才能往目標邁進」。

上述四個問題適用於各個階段與各種角色。就像船在大海中航行，看不見最終的目的地，我們可以靠著眼前看得見的小而具體的目標物，加上正確的方向，逐步往前推進。

「忙碌」並不可怕，如果真能「忙著」朝自己的目標與夢想前進，你甚至該覺得真是「忙得太好了」！

斜槓人生心法

- 「快樂管理學」：清楚你的夢想，實現你的使命，享受充實的忙碌。
- 當忙碌已成日常，請明確知道自己「為何而戰」！
- 沒有放在行事曆上的「目標」，都只是空談。

有夢的人，失望總是如影隨形

假使有人問我，「創業」與「育兒」之間最大的相似點，我大概會回答，就是「永遠沒有結案日」。

工作上的單一案子，總有完成的一天，結案之後就可以不再掛心。而創業者常把事業形容成他們的另一個「孩子」，因為沒有人一創業就想著要「結束」，都希望長長久久，甚至到我們退休了，這份事業仍在。

我常對朋友說：「創業絕不是短跑衝刺，難度甚至超越馬拉松。」意思也就是，我們很少會有感覺到自己「已完成使命」的時刻，爬完一個山坡，還有下一個，拿了一座獎盃，還有下一場比賽，摔到鼻青臉腫，還是得爬起來繼續打明天的仗。

而身為父母的我們更能夠體會這一點，就因為我們教養孩子的任務也沒有結案的一天。雖然孩子的每個階段，父母扮演的角色比重都不同，到了孩子成年離家那天，父母仍用著同樣的愛，但不同的方式，給予孩子源源不絕的能量。一路上，我們都懷抱著許多對自己、對孩子的期望，但事與願違的挫折感，也與我們對孩子的愛同樣滿溢。

過去我總是渴望早日成功，如果愈快爬上山巔，我就可以愈早歡呼休息，再也不需要努力。事實上，在同時創業與育兒這十四年的過程，我漸漸體會到人生是不斷努力的過程；而愈是有夢的人，愈常在過程中感受到「失望」與「失敗」如影隨形；夢想愈大，這種感覺也愈頻繁與強烈。

永遠沒有結案日的為母人生

在當媽媽之前，我其實是個很容易放棄的人，總覺得「開心才做，不開心幹嘛做呢」。性格中的任性與浪漫，讓我很容易一股腦投入喜歡的事，卻又在受到挫折時猛然收手。為人母的經驗，完全就是「再苦也要熬下去」的人生磨練。

還記得兒子剛出生時有嚴重的新生兒黃疸，依台灣的標準應該要留院照燈，但德國的醫院讓我們回家了，只簡單叮嚀有狀況再來醫院。

我們這兩個緊張的父母，每天抱著黃澄澄的寶貝兒子，完全沒辦法享受新手爸媽的愉悅，甚至因此半夜跑了很多次沒必要的急診，真是折騰。好不容易兒子的黃疸退了，但他也習慣在我胸口睡覺了。無論我們用哪一本書上的方法，他就是不願意自己睡。

終於熬過這關，又有下一關，「關關難過關關過」就是兒子出生第一年的寫照。我常覺得自己無比狼狽，超級失敗。有時看著兒子心想：「真是辛苦他了，要忍耐我們這兩個彆腳爸媽。」

接著當孩子不再需要把屎把尿、瞻前顧後，我的角色從勞力與時間密集的生活照顧者，轉變成「學步兒馴獸師」。面對孩子的「不要、不要」，我的工作除了勞力還開始得勞心，腦袋隨時處在備戰狀態，與兩歲兒接招鬥智。慢慢的，孩子愈大之後，就有自己的世界，我們陪在他們身邊的時間變得愈來愈寶貴，甚至有天可能得跟孩子預約才能見面吃上一頓飯呢。

理論上，我們若能在孩子成長前期打好基礎，孩子自主學習的狀態就會愈來愈順暢，然而這只是「理想」。實際上，面對層出不窮的狀況題，父母往往得按捺住內心的火山，左思右想怎麼對應，如何引導，甚至得開家庭會議，得出具體的解決方案。這不是每季或每月才需面對的工作，而是每天都得處理好幾次。

失望管理學：長期抗戰的必要求生技能

就在我寫下這篇文章的同時，女兒打電話告訴我，她「又」摔破了手機螢幕，我實在忍不住在電話裡唸了她一頓。我也坦言自己不喜歡叨唸，但實在很抱歉，真的一時忍不住。唸完了，手機還是得處理，還是要和女兒一起討論，怎麼改變拿手機走路的習慣。

做個深呼吸，打完這場仗，還有下一場！

經歷每日母職的情緒糾葛，我再回頭看職場的風風雨雨，就沒這麼容易情緒爆發了。

我常覺得自己能在工作上表現淡定，某種程度是因為做母親後，已經面對太多需要深呼吸的時刻，也特別容易轉念一想「這些都是小事情」。

工作會有結案的一天，同事夥伴會有說再見的時候，父母與孩子卻不是這樣。我們不可能因為孩子表現不佳，說一聲再見，從此不再聯絡。

無論這一刻有多難熬，終究要走下去，而這當中，「失望管理」就是非常重要的技能了。失望受挫時，情緒總是需要宣洩。我的方法是，手邊永遠要有幾個讓自己心情好轉的方法，我知道怎樣為自己打氣，而且遠離會讓我陷入情緒漩渦的人事物。

如果遇上工作困難，我就會抱抱孩子，和他們去吃個冰淇淋，遠離手機電腦幾個小時，我就會感覺好多了。

如果孩子又闖禍了，我就躲到房間、窩在床上，看個半小時小說，也會讓我覺得舒服點。每個人都有不同方法可以自我療癒，找出適合你的，最好也讓身邊親密的人知道你的療癒良方。

讓大腦停機一下，等情緒平復之後，「理性腦」才有辦法重啟。十多年母職與工作的修練，讓我停機的時間愈來愈短。轉化負面情緒的功力愈強，我們也愈能夠減少情緒帶來的傷害，而將事情思考清楚，處理完善。

這不代表要壓抑自己，而是要找到平復心情的管道，不讓自己因為情緒不穩而做出後悔的行為或決定。這一點不論在家庭或職場上，都非常重要。

慎選進到耳朵與腦袋的聲音

處理的第一步，就是正視失望的情緒。

否認失望與難過的感受，並不會讓事情好轉。反倒是承認我們受傷了，給自己一些時間療傷，當回過頭來處理事情時，才不會被壓抑的情緒牽著鼻子走。

抒發情緒的方式有很多種。不少人生氣或失望時，總喜歡找人傾訴，我也是。不管是在社群媒體上討拍，或與身邊的親友講講，似乎得到「秀秀」就會讓我們被理解與安慰，補充一些正能量。然而並不是每次都管用的，有時一不小心，討拍卻討來了更多負能量。

如果你身邊最親近的人，能讓你不再糾結小處，放眼大局，給予你肯定力量，那你真的很幸運。感謝上天，我的老公就是最佳人選。理性的他不太會被我的內心小劇場牽動，也不容易被我的颱風尾掃到，一不小心夫妻又另闢新戰場。

「我的教養方式出了什麼問題」「完蛋了，我真的搞砸了」，每當我失望受挫，這些「自我否定」的聲音總是第一個跳出來。老公聽完後，總會說一句：「一切都會好轉的！你很棒，或許只是需要點時間。」雖然事情不一定能順利解決，但心裡舒坦多了。

然而有時身邊的人就不是能給予你正能量，那就記得躲遠一點。

育兒與創業都是冷暖自知的事，就算是生過孩子的父母，或曾經創業的朋友，都無法完全感同身受當事人的糾結。

「就跟你說，一邊照顧寶寶一邊創業，很辛苦的！」十四年前，這句話我大概每週都會聽到。這種「就跟你說」「我警告過你」的話，真的完全沒有幫助，又打擊士氣，但卻是關心我們的親友最常用的發語詞。接著「你有沒有試過……」「你就是沒有……」，看似正面的建議，也常在我們還沒有準備好要聽意見時，就排山倒海而來。

我們當然可以決定要不要繼續聽下去。我們是在幫自己的負面情緒找解藥，而這些負面聲音，肯定不是現在的我們所需要的。對方有權利說他們想說的，然而我們也有權利決定，哪些東西要進到自己的耳朵和腦袋裡。對方要強迫我們聽進去讓我們不舒服的話，就算是真話，也等我們把情緒整理好之後再來「放送」。而這個決定權，在我們自己身上。

也許你會覺得：「怎麼可能不聽？」的確，要拒絕周遭的負面聲音，非常困難，可能比解決問題本身還要難。而我是到了將近四十歲，才懂這個道理：原來對方丟過來的鞋子，我不一定要穿上！

別人丟給你的鞋，不一定要穿上！

我是一個很容易感受到別人想法的高敏感人。而東方社會的溝通方式又十分「high content」——簡單一句話，可能有無盡意涵。這樣的成長背景加上天生個性，讓我很懂得猜測對方一句話背後沒說出來的評論或觀感。

這樣的習慣，在學生時代讓我可以每寫一篇文章都正對老師胃口；出了社會，也能讀懂客戶心中所想卻未說出口的話。看似好處多多，卻也讓我承受許多不必要的心理壓力，總感覺背後有很多雙眼睛盯著自己，聽到了別人對自己的想法，也很容易「玻璃心」否定自己、懷疑自己。

雖然這脆弱的一面，從我女強人的外表看不大出來，但是真正熟識我的人都知道，我太過在意別人眼光，努力想做到別人對我的期望，有時甚至委屈自己做不喜歡的事。

成為母親之後，我更把家人孩子的需求放在自己之前，這看似「偉大」的情操，對我來說並不健康。總是我在犧牲的自憐自艾，累積到一定程度就會爆發。而這樣的殺傷力，遠大於當下說一聲「我不想要」或「我做不到」。

有一次，我與剛認識的德國心理諮商師友人約會，聊起自己這個習慣。她一邊聽，一邊露出不舒服的表情。我很敏感的暫停發言，以為是聊太多自己的事而讓新朋友覺得煩了。

這時，她一邊脫下腳上的一隻鞋，一邊說：「我昨天買的新鞋，真是磨死我了。」接著她順手把脫下的鞋子丟在我面前，說：「穿上它！」

我雖然有點驚嚇，但還是說聲：「喔！好。」馬上脫下我的鞋子，準備穿上她的。

她見狀仰天大笑，急忙阻止我：「拜託你別穿上啊！」

原來，她是想讓我知道，別人可以決定把自己的臭鞋子丟給你，但你不一定要穿上！

我壓根沒想到這點，還毫不懷疑的接受她的指令。她說：「我常對我的諮商對象做這件事，有些人會直接拒絕，有些人會質疑，但妳是第一個，也是唯一一個，連問都沒問就馬上穿上的人耶！」

我們兩個在咖啡廳笑到飆出淚來。我順服的程度，竟然連十多年執業經驗的心理諮商師都瞠目結舌。

回家後，我告訴老公這件事，他竟然鼓掌叫好。他說：「這就是你啊！終於有人讓你看到這是多荒謬的反應了。妳對於別人的索求，總是先說『好』，對於別人對你的意見，總是太放在心上。」

而當自己習慣「穿上別人的鞋子」，無條件接受別人的要求與意見時，我也很難避免的期待別人做一樣的事。身為母親與老闆，無論是「強要別人穿上我的鞋」或是「總是接受別人的要求與意見」，都不是健康的人際互動方式，而且往往無法真正解決問題。

拒絕負面聲音三部曲

這次對話之後，我更意識到我的問題所在，也在聽別人說話時，更注意別別總拿了別人的鞋就穿上。偶有機會面對這種「丟鞋子過來」的情境，又該怎麼應對呢？

面對自己不喜歡的對話，特別是當對方出於善意想幫助我們，卻讓我們不舒服時，我通常會用三步驟解套：(1)感謝，(2)拒絕，(3)轉移話題！

先感謝對方關心，例如「我知道你關心我，才跟我說這些」「你這麼關心我，我很感動」。這點對於父母的關心特別有用，也可以讓父母明白，我們收到了他們的愛，其實對他們也是很重要的。

在職場上，這類感謝回應更是保護自己的好方法。因為人在情緒中，難免臉色難看，言語行為也可能與平常不同。當我們先表達「謝謝」，對方也不會因此覺得「好心被狗咬」，而對我們產生誤解或負面聯想。

接著，清楚拒絕並結束對話，「但這不是我現在需要的」「我需要點時間，現在還不想多談」，這幾句話聽起來很硬，但對親近的人特別管用。

如果是談公事，用「我的事之後再聊，現在該來辦正事了」，四兩撥千斤停止話題，也是好方法。雖然心情不好，但盡量不要用情緒性的字眼，例如「你就是這麼煩」或「可以閉嘴嗎」，這只會讓對話以負面方式繼續，而且還很容易另闢戰場。接著，起身離開到另一個房間，或轉移話題。

千萬別把負面情緒的雪球愈滾愈大。我在情緒起伏很大時，就是強迫自己「起身」，拍拍與我說話的人的肩膀，接著離開（或假裝去上洗手間）。背後傳達的意思正是：「我知道你關心我，謝謝你。但我現在要用別的方式處理。話題結束。」

當我們給自己力量，慎選進到腦中的聲音，問題的解決之道，往往就擺在眼前。安靜下來，才聽得見心靈的聲音。內在有力量，才能面對外在的紛擾。

只要有夢，「繼續奮戰」是唯一的解答！

身為母親，如果我只看到眼前的付出與犧牲，自然覺得失望又受挫。但當我期待孩子未來能獨立而快樂的生活，並且對世界有正面的付出、建築幸福的家庭，那麼我雖然眼前一片漆黑，仍會願意摸著牆壁，往隧道盡頭前進。

當我看到許多剛創業的朋友，因為幾個月或一年看不到任何成績，而感到挫敗，甚至因此萌生退意，我不免心想，任何事要上軌道，至少需要兩到三年的時間，怎麼可能希冀短期內就獲致全面的成功？而就算真的成功了，還有接踵而來的挑戰在等著你。

若是希望賺個幾千塊貼補家用的人，當然不想為此承受一整年的頭疼。但換個角度想，如果這幾年的努力，能為你的未來帶來每週幾十萬的被動收入，那三年的頭疼算什麼？事情拉長遠一點來看，就有很大的不同。

創業與育兒都同樣路途漫長，也都需要強大的內在力量。沒有人天生是母親或創業家，這股力量絕不會不請自來。旁人能給予的實質幫助，實在杯水車薪，多半遠水救不了近火。我們只能靠自己學習，如何自我療癒，以及如何刻意練習。

夢想愈大，就愈容易覺得失望。失望，總與夢想共存相生。失望雖然是我們每天必然要面對的，但只要有夢，繼續奮戰永遠是唯一的解答。

斜槓人生心法

- 安靜下來，才聽得見心靈的聲音。
- 內在有力量，才能面對外在的紛擾。
- 事情拉長遠一點來看，就有很大的不同。

耐心，來自看見 Big Picture

自從開始寫親子教養文章之後，不少網友私訊問我：「凱若，你怎麼這麼有耐心？難道你都不會發飆嗎？」

我又不是仙女，當然會發飆！我還是個急性子又意見多多的獅子座小龍女，「有耐心」三個字根本不在我的本命裡。但我的確比十四年前還沒當媽媽時，要多了幾分耐性，發飆次數也顯著下降，原因並不是我試了什麼靈性修練，只是經過務實的思考與權衡後，以及無數次的錯誤與練習，自然而然做出的改變。而這一點對於我的工作與管理經營，也有極大幫助。

吃快弄破碗

做父母的不難發現，孩子的「情緒雷達」超級敏感。如果我們當天因為趕時間，語氣嚴肅了點，孩子馬上變得很難搞，事情愈緊急，孩子就愈不配合。

我女兒還小的時候，我同時創業又育兒，「道行」尚淺的我，壓力破表又沒能力應付之下，免不了又是一陣罵孩子的腥風血雨。還好我懷孕時就給自己下了「不動手」的禁令，否則真的隨時刀光劍影。

然而，問題往往不在孩子身上，而是我們想「結案」的渴望太過強烈，以致於忘了我們真正想達到的目標。

我發現自己雖然「身」在孩子旁，「心」卻常卡在自己的情緒裡，或之後要忙的事上。所以我總希望「孩子」這個視窗能趕緊結案關上，因為還有很多事等著我去做。我最容易對孩子生氣的時候，往往是工作很忙碌時，或更常是因為和孩子的爸爸吵完架，覺得自己很委屈。

而我最容易失去耐心的時候，也常是因為前一天沒睡飽，或正在煩惱等一下要做的事。這些都與孩子沒有直接關係，但我卻把壓力與情緒全發洩在孩子身上。我沒有解決真正的問題，卻製造更大的混亂。

面對客戶也是一樣。有時我們得聽著新人重複抒發與家人爭吵的種種，或是客戶一直猶豫無法做決定（光是選出新娘「想要的紫色」，就會花上一個星期），但在此同時，我們手上還有好多事要做，腦中自然會浮現視窗的「×」鍵，拜託快結案讓我去忙正事吧！

有些比較資淺的同仁，就會開始不耐煩的回話，或在回信時透露出「你也行行好」的煩躁情緒。為了快點結案，就開始鬼打牆似的說出客戶最討厭的三句話：「沒辦法」「我不知道」「這不是我的問題」。結局就是，客戶原本因為別的原因心煩，眼前這個人就成了她發洩的最佳對象。急著結案，卻又開了一個新視窗。

當媽媽十四年，我知道如果我不能帶著耐心回應對方，只會讓自己離目標愈來愈遠。如果我希望盡早結案，就要採取對結局有幫助的方式才行。

順著毛摸，才是好方法

在我們家，這場景最常發生在陪孩子睡覺這段時間。我兒子是非常難入眠的寶寶，從出生那刻起，我就知道「完蛋」了，因為光是木地板的細微聲響，都能吵醒他。我們甚至還為此搬到沒有木地板的家，可想而知這對我們一家造成多大困擾。有段時間，每天晚上他都要撐到最後一秒，直到眼皮無法控制只能閉上時，他才願意入睡。

看著他左翻右滾，一下子要喝水，一下子又要換衣服，甚至唱起所有會唱的歌，還手舞足蹈，想盡辦法不讓「瞌睡蟲」上身，真的很難不抓狂。我的腦子早在這段時間想到一堆等會兒要做的事，這些「只能在他入睡後好好做的事」已經等了我一整天，愈想我的心愈慌，只希望能有個「Off」鍵，一按孩子就會秒睡。

然而我問自己：如果希望孩子安靜下來，我大吼大叫，有用嗎？孩子應該會哭得更大聲吧！

我所做的行動，如果與我希望達到的目標不相符，當下把滿腔怨氣給發了出來，卻得到更糟的結果，甚至毀了自己與對方一整天的好心情，還要花時間力氣安撫孩子的哭泣與抗議，何苦如此？

在這種情況下，我當然要採取有益結果的方法。如果我希望孩子安靜，希望孩子入睡，那我就要在睡房裡保持穩定安詳的氣氛，輕輕說話、小聲安撫。

同樣的道理，對待客戶或同事，如果我希望對方快快樂樂與我共事，我就需要營造輕鬆自在的氛圍，讓對方感覺到被理解。「順著毛摸」才能達到我要的目的。

看到 Big Picture，就容易放下自己

身為父母，我們都希望孩子有好的「情緒管理」與「理性溝通」能力，我們也都希望與他們在一起的時間都充滿溫情笑語。當我們腦中「家庭氣氛和諧愉

快」的畫面愈清晰，也就愈有辦法馴服自己。當我們看見建築家庭與教養孩子的Big Picture，也才願意放下諸多「我就是這樣」，而採取對結果有效的方式。

在工作上，我們也常因為待處理的事務多又雜，就忘了最終目標其實是希望大家圓滿完成任務就好。

我常在承受高度壓力的合作夥伴面前，什麼也不多說，只為他打氣：「圓滿就好、圓滿就好！」讓他們腦中專注於 Big Picture，比爭辯任何細節要來得有幫助。

要對方冷靜，我自己要先冷靜；要對方講理，我自己要先講理；要對方開心，我自己要先開心。雖然有難度，但看著我最終想要的那個畫面，我必須先調整成那樣的狀態才行。

準備時間愈少，做媽媽的我就要愈冷靜安排好出門前每件事的順序；孩子叫得愈大聲，我就更要用沉靜的口吻，直視他的眼睛，對他好好說話。有時，一句堅定溫柔的「我們現在來穿鞋」，比狂喊無數次「我現在沒有時間」來得快速又有效。對客戶拍拍肩，說一句「我懂，我來幫你處理」，比分析誰對誰錯，來得更有幫助。

如此一來，我省去許多發脾氣和處理對方情緒的力氣，也多了處理重要事情的時間。

重物要輕放！壓力愈大，愈要沉穩以對

我從教養孩子的現場學到「時時看著 Big Picture」這條金科玉律，就這樣深深刻印在我腦海中，也幫助我在工作時帶著笑臉與耐心，面對客戶各式各樣的要求，和廠商的各種突發狀況。

我們從事的是婚禮產業，每一次都是客戶「一生一次」的經驗，每天都是眼前這對新人「一輩子壓力最大的一天」。我常常提醒自己和夥伴「重物要輕放」，才不會閃到腰。我們愈急著搞定客戶，就愈容易說錯話、做錯事；愈希望快點完成事情，愈無法顧全大局。往往自己先穩定了，混亂的現場也跟著安定下來。

要完成一場婚禮，需要一整個專業的團隊。團隊中的每個人如果都能心平氣

和的與彼此對話，無論面對何種狀況，都能微笑溝通，全場的「情緒電波」就能對準在正確的頻道上，並採用對大局有幫助的態度完成工作。

特別是主持人在婚禮現場面對幾百人時，場面愈大，肯定愈混亂吵雜。婚禮主持人若能保持鎮定，一字一句清楚表達，就算只是透過音響設備，這種氣氛也能有效傳達給全場。這是我從與孩子的對話中學習到的功課。

客戶常對我說：「看到你就覺得心安。你就是我們穩定的力量。」聽他們這麼說，我真的很開心，更讓我快樂的是，我也能讓孩子有同樣的感受。

腦中時刻記著我們真正想要的畫面，就能在當下與此刻保持氣定神閒。

斜槓人生心法

- 腦中時刻記著 Big picture，就能在當下從容面對突發狀況。
- 要對方冷靜，自己要先冷靜；要對方講理，自己要先講理；要對方開心，自己要先開心。

工作生活 063

我在家，我創業
家庭 CEO 的斜槓人生

國家圖書館出版品預行編目(CIP)資料

我在家,我創業：家庭CEO的斜槓人生 / 凱若著. -- 第一版. -- 臺北市：遠見天下文化, 2018.04
面； 公分. -- (工作生活；BWL063)
ISBN 978-986-479-414-0(平裝)

1.創業 2.職場成功法

494.1 107005200

作者 — 凱若 Carol Chen

總編輯 — 吳佩穎
責任編輯 — 陳孟君、周思芸
封面設計 — 三人制創
內頁設計 — 連紫吟、曹任華

出版者 — 遠見天下文化出版股份有限公司
創辦人 — 高希均、王力行
遠見・天下文化・事業群 董事長 — 高希均
事業群發行人／CEO — 王力行
天下文化社長 — 林天來
天下文化總經理 — 林芳燕
國際事務開發部兼版權中心總監 — 潘欣
法律顧問 — 理律法律事務所陳長文律師
著作權顧問 — 魏啟翔律師
社址 — 台北市 104 松江路 93 巷 1 號
讀者服務專線 — 02-2662-0012
傳真 — 02-2662-0007, 02-2662-0009
電子信箱 — cwpc@cwgv.com.tw
直接郵撥帳號 — 1326703-6 號　遠見天下文化出版股份有限公司

電腦排版 — 連紫吟、曹任華
製版廠 — 東豪印刷事業有限公司
印刷廠 — 祥峰印刷事業有限公司
裝訂廠 — 中原造像股份有限公司
登記證 — 局版台業字第 2517 號
總經銷 — 大和書報圖書股份有限公司　電話／ (02)8990-2588
出版日期 — 2021/04/01 第一版第 11 次印行

定價 — NT$330
ISBN 978-986-479-414-0
書號 — BWL063
天下文化官網 — bookzone.cwgv.com.tw

天下文化

BELIEVE IN READING